U0342340

高职高专"十二五"规划教材

国家骨干高职院校建设"冶金技术"项目成果

粉煤灰利用分析技术

主编　胡小龙

北　京

冶金工业出版社

2013

内 容 提 要

本书详细阐述了在粉煤灰利用过程中涉及的原料、成品及半成品的分析技术，主要内容包括 4 个部分，分别是粉煤灰成分分析、煤炭成分分析、铝硅铁合金成分分析及铝电解质成分分析。本书内容精炼，重点突出，应用性强。

本书适合作为高职院校冶金工程、材料工程专业的教学用书，也可供企业技术人员参考。

图书在版编目 (CIP) 数据

粉煤灰利用分析技术/胡小龙主编. —北京：冶金工业出版社，2013.12

高职高专"十二五"规划教材. 国家骨干高职院校建设"冶金技术"项目成果

ISBN 978-7-5024-6549-0

Ⅰ.①粉… Ⅱ.①胡… Ⅲ.①粉煤灰—炼铝—高等职业教育—教材 Ⅳ.①TF821

中国版本图书馆 CIP 数据核字（2014）第 030760 号

出 版 人　谭学余
地　　　址　北京北河沿大街嵩祝院北巷 39 号，邮编 100009
电　　　话　(010) 64027926　电子信箱　yjcbs@cnmip.com.cn
责任编辑　杨　敏　美术编辑　杨　帆　版式设计　葛新霞
责任校对　李　娜　责任印制　李玉山
ISBN 978-7-5024-6549-0
冶金工业出版社出版发行；各地新华书店经销；北京百善印刷厂印刷
2013 年 12 月第 1 版，2013 年 12 月第 1 次印刷
787mm×1092mm　1/16；8.25 印张；189 千字；114 页
20.00 元

冶金工业出版社投稿电话：(010)64027932　投稿信箱：tougao@cnmip.com.cn
冶金工业出版社发行部　电话：(010)64044283　传真：(010)64027893
冶金书店　地址：北京东四西大街 46 号(100010)　电话：(010)65289081(兼传真)
（本书如有印装质量问题，本社发行部负责退换）

序

2010年11月30日我院被国家教育部、财政部确定为"国家示范性高等职业院校"骨干高职院校立项建设单位。在骨干院校建设工作中，学院以校企合作体制机制创新为突破口，建立与市场需求联动的专业优化调整机制，形成了适应自治区能源、冶金产业结构升级需要的专业结构体系，构建了以职业素质和职业能力培养为核心的课程体系，校企合作完成专业核心课程的开发和建设任务。

学院冶金技术专业是骨干院校建设项目之一，是中央财政支持的重点建设专业。学院与内蒙古大唐国际再生资源开发有限公司共建"高铝资源学院"，合作培养利用高铝粉煤灰的"铝冶金及加工"方向的高素质高级技能型专门人才；同时逐步形成了"校企共育，分向培养"的人才培养模式，带动了钢铁冶金、稀土冶金、材料成型等专业及其方向的建设。

冶金工业出版社集中出版的这套教材，是国家骨干高职院校建设"冶金技术"项目的成果之一。书目包括校企共同开发的"铝冶金及加工"方向的核心课程和改革课程，以及各专业方向的部分核心课程的工学结合教材。在教材编写过程中，面向职业岗位群任职要求，参照国家职业标准，引入相关企业生产案例，校企人员共同合作完成了课程开发和教材编写任务。我们希望这套教材的出版发行，对探索我国冶金职业教育改革的成功之路，对冶金行业高技能人才的培养，能够起到积极的推动作用。

这套教材的出版得到了国家骨干高职院校建设项目经费的资助，在此我们对教育部、财政部和内蒙古自治区教育厅、财政厅给予的资助和支持，对校企双方参与课程开发和教材编写的所有人员表示衷心的感谢！

内蒙古机电职业技术学院　院长

2013年10月

前 言

近年来，随着我国铝工业的高速发展，铝土矿和氧化铝供应短缺的矛盾日益突出。目前，我国铝土矿的保有储量仅为20亿吨左右，优质铝土矿资源比较匮乏，主要分布在山西、贵州、河南、广西等地区，人均占有量仅为世界平均水平的1.5%，不能满足我国铝工业的发展需求。2012年，我国消费氧化铝4237万吨，国内生产氧化铝3768万吨，进口氧化铝约469万吨，进口铝土矿约4000万吨。随着我国对氧化铝需求的增加，60%~70%的铝土矿和氧化铝将依赖进口，尤其是能源丰富且适宜发展电解铝工业的内蒙古、宁夏、青海、新疆等西部地区，因缺乏天然铝土矿资源，氧化铝全部依赖外购。

随着粉煤灰提取氧化铝技术大规模产业化及大唐国际内蒙古再生资源开发公司粉煤灰提取氧化铝项目成功投产，国家发改委把粉煤灰提取氧化铝问题纳入国家煤炭工业"十二五"发展规划，并作为国家煤炭开发中资源综合利用的战略重点；将支持在内蒙古准格尔、托克托两地建设大型粉煤灰提取氧化铝循环经济示范区，构建煤-电-粉煤灰提取氧化铝、活性硅酸钙、分子筛、水泥-电解铝-铝后加工产业链，建成示范基地。

本书是根据职业技术学院铝冶金专业教学的基础要求编写的。全书力求体现职业技术教育培养技术应用型人才的特点，结合生产实际，以学生必须掌握的粉煤灰利用过程中涉及的原料、成品及半成品成分检测知识及手段为依据，精选粉煤灰、煤炭、铝硅铁合金及铝电解质四个典型产品进行成分分析，并使其融会贯通。

本书由内蒙古机电职业技术学院胡小龙主编。编者所在单位的领导和同行以及内蒙古大唐再生资源开发有限公司的技术人员为本书的编写提供了大力支持和帮助，在此一并表示感谢。

由于编者学识水平有限，书中不足之处，敬请读者批评指正。

编　者
2013年10月

目　录

学习情境 1　粉煤灰成分分析

学习任务 1　粉煤灰基础知识

学习目标：（1）掌握粉煤灰来源；

（2）了解我国粉煤灰分布地区及各地区粉煤灰成分；

（3）掌握粉煤灰物理化学性质及用途。

学习活动 1　粉煤灰及其排放现状

粉煤灰是从煤燃烧后的烟气中收捕下来的细灰，是燃煤电厂排出的主要固体废物。粉煤灰是我国当前排量较大的工业废渣之一，随着电力工业的发展，燃煤电厂的粉煤灰排放量逐年增加。大量的粉煤灰不加处理，就会产生扬尘，污染大气；若排入水系会造成河流淤塞，而其中的有毒化学物质还会对人体和生物造成危害，如图1-1和图1-2所示。

图 1-1　粉煤灰对河流的污染

煤粉在炉膛中呈悬浮状态燃烧，燃煤中的绝大部分可燃物都能在炉内烧尽，而煤粉中的不燃物（主要为灰分）大量混杂在高温烟气中。这些不燃物因受到高温作用而部分熔融，同时由于其表面张力的作用，形成大量细小的球形颗粒。在锅炉尾部引风机的抽气作用下，含有大量灰分的烟气流向炉尾。随着烟气温度的降低，一部分熔融的细粒因受到一定程度的急冷呈玻璃体状态，从而具有较高的潜在活性。在引风机将烟气排入大气之前，上述这些细小的球形颗粒，经过除尘器时被分离、收集，即为粉煤灰。

粉煤灰是我国当前排量较大的工业废渣之一（图1-3），现阶段我国年排渣量已达

图1-2 粉煤灰对环境的污染

图1-3 粉煤灰

3000万吨。随着电力工业的发展，燃煤电厂的粉煤灰排放量逐年增加，粉煤灰的处理和利用问题引起人们广泛的注意。

我国是个产煤大国，电力生产以煤炭为基本燃料。近年来，我国的能源工业稳步发展，发电能力年增长率为7.3%，电力工业的迅速发展，带来了粉煤灰排放量的急剧增加。燃煤热电厂每年所排放的粉煤灰总量逐年增加。1995年粉煤灰排放量达1.25亿吨，2000年约为1.5亿吨，到2010年将达到3亿吨，给我国的国民经济建设及生态环境造成巨大的压力。另外，我国又是一个人均占有资源储量有限的国家，而粉煤灰的综合利用可以变废为宝，变害为利，已成为我国经济建设中一项重要的技术经济政策，是解决我国电力生产环境污染与资源缺乏之间矛盾的重要手段，也是电力生产所面临解决的任务之一。经过开发，粉煤灰在建工、建材、水利等各部门得到广泛的应用。

20 世纪 70 年代，世界性能源危机、环境污染以及矿物资源的枯竭等强烈地激发了粉煤灰利用的研究和开发，多次召开国际性粉煤灰会议，研究工作日趋深入，应用方面也有了长足的进步。粉煤灰成为国际市场上引人注目的资源丰富、价格低廉、兴利除害的新兴建材原料和化工产品的原料，受到人们的青睐。目前，对粉煤灰的研究工作大都由理论研究转向应用研究，利用粉煤灰生产的产品在不断增加，技术在不断更新。国内外粉煤灰综合利用工作与过去相比较，发生了重大的变化，主要表现为：粉煤灰治理的指导思想已从过去的单纯环境角度转变为综合治理、资源化利用；粉煤灰综合利用的途径已从过去的路基、填方、混凝土掺合料、土壤改造等方面的应用，发展到目前的在水泥原料、水泥混合材、大型水利枢纽工程、泵送混凝土、大体积混凝土制品、高级填料等方面的高级化利用。

学习活动 2　粉煤灰的来源

粉煤灰的主要来源是以煤粉为燃料的火电厂和城市集中供热锅炉，其中 90% 以上为湿排灰，活性较干灰低，且费水费电，污染环境，也不利于综合利用。为了更好地保护环境并有利于粉煤灰的综合利用，考虑到除尘和干灰输送技术的成熟，干灰收集已成为今后粉煤灰收集的发展趋势。

学习活动 3　粉煤灰的形成

粉煤灰的形成分为三个阶段：

第一阶段：粉煤在开始燃烧时，其中气化温度低的挥发分，首先自矿物质与固体炭连接的缝隙间不断逸出，使粉煤灰变成多孔型炭粒。此时的煤灰，颗粒状态基本保持原煤粉的不规则碎屑状，但因多孔性，使其表面积更大。

第二阶段：伴随着多孔性炭粒中的有机质完全燃烧和温度的升高，其中的矿物质也将脱水、分解、氧化变成无机氧化物，此时的煤灰颗粒变成多孔玻璃体，尽管其形态大体上仍维持与多孔炭粒相同，但比表面积明显地小于多孔炭粒。

第三阶段：随着燃烧的进行，多孔玻璃体逐渐融收缩而形成颗粒，其孔隙率不断降低，圆度不断提高，粒径不断变小，最终由多孔玻璃转变为密度较高、粒径较小的密实球体，颗粒比表面积下降为最小。不同粒度和密度的灰粒具有显著的化学和矿物学方面的特征差别，小颗粒一般比大颗粒更具玻璃性和化学活性。

最后形成的粉煤灰（其中 80%~90% 为飞灰，10%~20% 为炉底灰）是外观相似、颗粒较细而不均匀的复杂多变的多相物质。飞灰是进入烟道气灰尘中最细的部分，炉底灰是分离出来的比较粗的颗粒，或是炉渣。这些东西有足够的重量，燃烧带跑到炉子的底部。

学习活动 4　粉煤灰的组成

1. 化学组成

我国火电厂粉煤灰的主要氧化物组成为：SiO_2、Al_2O_3、FeO、Fe_2O_3、CaO、TiO_2、

MgO、K_2O、Na_2O、SO_3、MnO_2 等，此外还有 P_2O_5 等。其中氧化硅、氧化钛来自黏土、页岩；氧化铁主要来自黄铁矿；氧化镁和氧化钙来自与其相应的碳酸盐和硫酸盐。

粉煤灰的元素组成（质量分数）为：O 47.83%，Si 11.48%～31.14%，Al 6.40%～22.91%，Fe 1.90%～18.51%，Ca 0.30%～25.10%，K 0.22%～3.10%，Mg 0.05%～1.92%，Ti 0.40%～1.80%，S 0.03%～4.75%，Na 0.05%～1.40%，P 0.00%～0.90%，Cl 0.00%～0.12%，其他 0.50%～29.12%。

由于煤的灰量变化范围很大，而且这一变化不仅存在于世界各地或同一地区不同煤层的煤中，甚至也发生在同一煤矿不同部分的煤中，因此，构成粉煤灰的具体化学成分含量，也就因煤的产地、煤的燃烧方式和程度等不同而有所不同。其主要化学组成见表 1-1。

表 1-1　我国电厂粉煤灰化学组成（质量分数）　　　　　（%）

成分	SiO_2	Al_2O_3	Fe_2O_3	CaO	MgO	SO_3	Na_2O	K_2O	烧失量
范围	34.30～65.76	14.59～40.12	1.50～6.22	0.44～16.80	0.20～3.72	0.00～6.00	0.10～4.23	0.02～2.14	0.63～29.97
均值	50.8	28.1	6.2	3.7	1.2	0.8	1.2	0.6	7.9

粉煤灰的活性主要来自其成分中的活性 SiO_2（玻璃体 SiO_2）和活性 Al_2O_3（玻璃体 Al_2O_3）在一定碱性条件下的水化作用。因此，粉煤灰中活性 SiO_2、活性 Al_2O_3 和 f-CaO（游离氧化钙）都是活性的有利成分。硫在粉煤灰中一部分以可溶性石膏（$CaSO_4$）的形式存在，它对粉煤灰早期强度的发挥有一定作用，因此，粉煤灰中的硫对粉煤灰的活性也是有利组成。粉煤灰中的钙含量在 3% 左右，它对胶凝体的形成是有利的。国外把 CaO 含量超过 10% 的粉煤灰称为 C 类灰，而低于 10% 的粉煤灰称为 F 类灰。C 类灰其本身具有一定的水硬性，可作水泥混合材，F 类灰常作混凝土掺料，它比 C 类灰使用时的水化热要低。

粉煤灰中少量的 MgO、Na_2O、K_2O 等生成较多玻璃体，在水化反应中会促进碱硅反应。但 MgO 含量过高时，对安定性带来不利影响。

粉煤灰中的未燃炭粒疏松多孔，是一种惰性物质，不仅对粉煤灰的活性有害，而且对粉煤灰的压实也不利。过量的 Fe_2O_3 对粉煤灰的活性也不利。

2. 粉煤灰的矿物组成

由于煤粉各颗粒间的化学成分并不完全一致，所以燃烧过程中形成的粉煤灰在排出的冷却过程中，形成了不同的物相。另外，粉煤灰中晶体矿物的含量与粉煤灰冷却速度有关。一般来说，冷却速度较快时，玻璃体含量较多；反之，玻璃体容易析晶。可见，从物相上讲，粉煤灰是晶体矿物和非晶体矿物的混合物。其矿物组成的波动范围较大。一般晶体矿物为石英、莫来石、氧化铁、氧化镁、生石灰及无水石膏等，非晶体矿物为玻璃体、无定形碳和次生褐铁矿，其中玻璃体含量占 50% 以上。

学习活动 5　粉煤灰的结构

粉煤灰的结构是在煤粉燃烧和排出过程中形成的，比较复杂。在显微镜下观察，粉煤灰是晶体、玻璃体及少量未燃炭组成的一个复合结构的混合体。混合体中这三者的比例随着煤燃烧所选用的技术及操作手法不同而不同。其中结晶体包括石英、莫来石、磁铁矿等；玻璃体包括光滑的球形玻璃体粒子、形状不规则孔隙少的小颗粒、疏松多孔且形状不规则的玻璃体球等；未燃炭多呈疏松多孔形式。

学习活动 6　粉煤灰的性质

1. 物理性质

粉煤灰的物理性质包括密度、堆积密度、细度、比表面积、需水量等，这些性质是化学成分及矿物组成的宏观反映。由于粉煤灰的组成波动范围很大，这就决定了其物理性质的差异也很大。

粉煤灰的基本物理性质见表 1-2。

表 1-2　粉煤灰的基本物理性质

项　目		范　围	均　值
密度/g·cm^{-3}		1.9~2.9	2.1
堆积密度/g·cm^{-3}		0.531~1.261	0.780
比表面积/cm^2·g^{-1}	氮吸附法	800~19500	3400
	透气法	1180~6530	3300
原灰标准稠度/%		27.3~66.7	48.0
需水量/%		89~130	106
28d 抗压强度比/%		37~85	66

粉煤灰的物理性质中，细度和粒度是比较重要的项目。它直接影响着粉煤灰的其他性质，粉煤灰越细，细粉占的比重越大，其活性也越大。粉煤灰的细度影响早期水化反应，而化学成分影响后期的反应。

2. 化学性质

粉煤灰是一种人工火山灰质混合材料，它本身略有或没有水硬胶凝性能，但当以粉状及水存在时，能在常温，特别是在水热处理（蒸汽养护）条件下，与氢氧化钙或其他碱土金属氢氧化物发生化学反应，生成具有水硬胶凝性能的化合物，成为一种增加强度和耐久性的材料。

学习活动 7　存在形态

粉煤灰是以颗粒形态存在的，且这些颗粒的矿物组成、粒径大小、形态各不相同。人们通常将其形状分为珠状颗粒和渣状颗粒两大类。北京科技大学宋存义等用扫描式电子显微镜的观察表明，粉煤灰由多种粒子构成，其中珠状颗粒包括空心玻珠（漂珠）、厚壁及实心微珠（沉珠）、铁珠（磁珠）、炭粒、不规则玻璃体和多孔玻璃体五大品种。其中不规则玻璃体是粉煤灰中较多的颗粒之一，大多是由似球和非球形的各种浑圆度不同的粘连体颗粒组成。有的粘连体断开后，其外观和性质与各种玻璃球形体相同，其化学成分则略有不同。多孔玻璃体形似蜂窝，具有较大的表面积，易黏附其他碎屑，密度较小，熔点比其他微珠偏低，其颜色由乳白至灰色不等。在扫描式电子显微镜下可以比较容易地观察到不规则玻璃体的存在。渣状颗粒包括海绵状玻璃渣粒、炭粒、钝角颗粒、碎屑和黏聚颗粒五大品种。正是由于这些颗粒各自组成上的变化以及组合上的比例不同，才直接影响到粉煤灰质量的优劣。

学习活动 8　粉煤灰的用途

粉煤灰是煤粉经高温燃烧后形成的一种似火山灰质混合材料。它是燃烧煤的发电厂将煤磨成 100μm 以下的煤粉，用预热空气喷入炉膛成悬浮状态燃烧，产生混杂有大量不燃物的高温烟气，经集尘装置捕集就得到了粉煤灰。粉煤灰的化学组成与黏土质相似，主要成分为二氧化硅、三氧化二铝、三氧化二铁、氧化钙和未燃尽炭。目前，粉煤灰主要用来生产粉煤灰水泥、粉煤灰砖、粉煤灰硅酸盐砌块、粉煤灰加气混凝土及其他建筑材料，还可用作农业肥料和土壤改良剂，回收工业原料和作环境材料。

粉煤灰在水泥工业和混凝土工程中的应用：粉煤灰代替黏土原料生产水泥（由硅酸盐水泥熟料和粉煤灰加入适量石膏磨细制成的水硬胶凝材料），水泥工业采用粉煤灰配料可利用其中的未燃尽炭；粉煤灰作水泥混合材；粉煤灰生产低温合成水泥，生产原理是将配合料先蒸汽养护生成水化物，然后经脱水和低温固相反应形成水泥矿物；粉煤灰制作无熟料水泥，包括石灰粉煤灰水泥（将干燥的粉煤灰掺入 10%～30% 的生石灰或消石灰和少量石膏混合粉磨，或分别磨细后再混合均匀制成的水硬性胶凝材料）和纯粉煤灰水泥；粉煤灰作砂浆或混凝土的掺合料，在混凝土中掺加粉煤灰代替部分水泥或细骨料，不仅能降低成本，而且能提高混凝土的和易性，提高不透水、气性，抗硫酸盐性能和耐化学侵蚀性能，降低水化热，改善混凝土的耐高温性能，减轻颗粒分离和析水现象，减少混凝土的收缩和开裂以及抑制杂散电流对混凝土中钢筋的腐蚀。

粉煤灰在建筑制品中的应用：蒸制粉煤灰砖，以电厂粉煤灰和生石灰或其他碱性激发剂为主要原料，也可掺入适量的石膏，并加入一定量的煤渣或水淬矿渣等骨料，经过加工、搅拌、消化、轮碾、压制成型、常压或高压蒸汽养护后而形成的一种墙体材料；烧结粉煤灰砖，以粉煤灰、黏土及其他工业废料为原料，经原料加工、搅拌、成型、干燥、焙烧制成砖；蒸压生产泡沫粉煤灰保温砖，以粉煤灰为主要原料，加入一定量的石灰和泡沫剂，经过配料、搅拌、浇注成型和蒸压而成的一种新型保温砖；粉煤灰硅酸盐砌块，以粉煤灰、石灰、石膏为胶凝材料，煤渣、高炉矿渣等为骨料，经加水搅拌、振动成型、蒸汽养护而成的墙体材料；粉煤灰加气混凝土，以粉煤灰为原料，适量加入生石灰、水泥、石膏及铝粉，加水搅拌呈浆，注入模具蒸养而成的一种多孔轻质建筑材料；粉煤灰陶粒，以粉煤灰为主要原料，掺入少量黏结剂和固体燃料，经混合、成球、高温焙烧而成的一种人造轻质骨料；粉煤灰轻质耐热保温砖，是用粉煤灰、烧石、软质土及木屑进行配料而成，具有保温效率高、耐火度高、热导率小等优点，能减轻炉墙厚度，缩短烧成时间，降低燃料消耗，提高热效率，降低成本。

粉煤灰作农业肥料和土壤改良剂：粉煤灰具有良好的物理化学性质，能广泛应用于改造重黏土、生土、酸性土和盐碱土，弥补其酸瘦板粘的缺陷，粉煤灰中含有大量枸溶性硅钙镁磷等农作物所必需的营养元素，故可作农业肥料用。

回收工业原料：回收煤炭资源，利用浮选法在含煤炭粉煤灰的灰浆水中加入浮选药剂，然后采用气浮技术，使煤粒粘附于气泡上浮与灰渣分离；回收金属物质粉煤灰中含有 Fe_2O_3、Al_2O_3 和大量稀有金属；分选空心微珠，空心微珠具有质量小、强度高、耐高温和绝缘性好等优点，可以作为塑料的理想填料，用于制作轻质耐火材料和高效保温材料，还可用于石油化学工业、军工领域。

作环境材料：利用粉煤灰可制造分子筛、絮凝剂和吸附材料等环保材料；粉煤灰还可用于处理含氟废水、电镀废水与含重金属离子废水和含油废水，粉煤灰中含有的 Al_2O_3、CaO 等活性组分，能与氟生成络合物或生成对氟有絮凝作用的胶体离子，还含有沸石、莫来石、炭粒和硅胶等，具有无机离子交换特性和吸附脱色作用。

学习任务 2　粉煤灰的综合利用

学习目标：（1）了解粉煤灰综合利用的概况；
　　　　　　（2）掌握粉煤灰在镉领域的利用。

学习活动1　粉煤灰综合利用概况

粉煤灰综合利用是指：粉煤灰（包括炉底渣）用于建材生产、建筑工程（包括筑坝、筑港、桥梁、地下工程和水下工程等）、筑路、肥料生产、改良土壤、回填（包括建筑回填，填低洼地和荒地，充填矿井、煤矿塌陷区、海涂等）和其他产品制作等，以及从粉煤灰中提取有用物质。

1. 我国粉煤灰综合利用概况

我国粉煤灰综合利用工作，长期以来一直受到国家的重视。早在 20 世纪 50 年代粉煤灰就开始在建筑工程中用作混凝土、砂浆的掺合料，在建材工业中用来生产砖，在道路工程中用来作路面基层材料等，尤其在水电建设大坝工程中使用最多；60 年代开始粉煤灰利用重点转向墙体材料，研制生产粉煤灰密实砌块、墙板、粉煤灰烧结陶粒和粉煤灰黏土烧结砖等；70 年代，国家为建材工业投资 5.7 亿元，但由于种种原因，1980 年，粉煤灰的利用率仅为 14%；80 年代后，随着我国改革开放政策的深入发展，国家把资源综合利用作为经济建设中的一项重大经济技术政策，使粉煤灰的综合利用得到蓬勃发展，其综合利用率在 1995 年达到 41.7%，2000 年达到 58%。粉煤灰的综合利用率逐年上升，作为典范的上海市已达到 100% 的综合利用率。

2. 世界各国粉煤灰综合利用概况

根据目前掌握的信息，年排灰量前三位的国家分别为俄罗斯、中国和美国，俄罗斯年利用率仅为 13%，美国年利用率为 60%，但主要用于新型材料和附加值较高的产品研发，科技含量较高，对我国有一定借鉴意义。

比较重视工业固体废弃物综合利用的国家：

英国：发展了适用于钢筋混凝土的优质商品粉煤灰"普浊兰"。

波兰：煤炭资源丰富，粉煤灰利用中侧重于建材产品。

法国：粉煤灰综合利用起步早，特别在水泥、混凝土方面的应用技术研究有较深的基础。

其他一些国家：

这些国家的粉煤灰排放量非常小，在利用率上也并不高，但在综合利用方面都有各自的特色。

澳大利亚：非常重视粉煤灰混凝土工业质量控制体系，有专门经营优质粉煤灰产品的公司。

日本：粉煤灰的有效利用率30%，使粉煤灰在很多方面得到了应用。

3. 相关政策法规

国家《粉煤灰综合利用管理办法》的通知要求：新建、扩建和改建电厂工程，其项目建议书应包括粉煤灰综合利用的内容，可行性研究报告和初步设计应包括粉煤灰综合利用方案，凡不具备上述条件的，有关部门和主管部门不予审批立项。

新建、扩建和改建电厂工程，对于有粉煤灰综合利用条件的，应按照干湿分排、粗细分排和灰渣分排的原则，配齐粉煤灰的输送贮运系统、挖灰和装灰机具以及运灰车辆，灰场周围要有外运灰道路，实现与主体工程同时设计、同时施工、同时投产使用；其投资纳入工程总概算。凡不执行同时施工规定的，有关部门不得批准开工；凡不与主体工程同时建成交付使用的，有关部门不得对主体工程组织验收。

学习活动 2　粉煤灰烧结砖

烧结粉煤灰砖（图 1-4）是以粉煤灰和黏土为主要原料，再辅以其他工业废渣，经配料、混合、成型、干燥及焙烧等工序而成的一种新型墙体材料。与普通黏土砖相比，烧结的粉煤灰砖具有保护环境、节约能耗、减轻建筑负荷、降低劳动强度等优点。

图 1-4　粉煤灰砖

蒸压粉煤灰砖是当前墙体改革的一个主要部分，是国家大力推广生产使用的一种节能新型环保墙体材料，属微孔结构，具有重量轻、保温隔热性能好的优点，是优良的墙体填充材料。

相对于传统建筑材料，粉煤灰砖优势明显，其质量小，保温隔热性能好。据测算，这种砖比传统建筑材料节能65%，是中国正大力推广生产使用的一种新型节能环保墙体材料。

学习活动 3　粉煤灰陶粒

粉煤灰陶粒（图 1-5）是以粉煤灰为主要原料（85%左右），掺入适量石灰（或电石渣）、石膏、外加剂等，经计量、配料、成型、水化和水热合成反应或自然水硬性反应而制成的一种人造轻骨料。陶粒具有优异的性能，如密度低、筒压强度高、孔隙率高、软化系数高、抗冻性良好、抗碱集料反应性优异等。特别由于陶粒密度小，内部多孔，形态、成分较均一，且具有一定强度和坚固性，因而具有质轻、耐腐蚀、抗冻、抗震和良好的隔绝性（保温、隔热、隔声、隔潮）等多功能特点。利用陶粒这些优异的性能，可以将它广泛应用于建材、园艺、食品饮料、耐火保温材料、化工、石油等部门，应用领域越来越广，还在继续扩大。在陶粒发明和生产之初，它主要用于建材领域，由于技术的不断发展和人们对陶粒性能的认识更加深入，陶粒的应用早已超过建材这一传统范围，不断扩大它的应用新领域。现在陶粒在建材方面的应用，已经由 100%下降到 80%，在其他方面的应用，已占 20%。随着陶粒新用途的不断开发，它在其他方面的比例将会逐渐增大。

图 1-5　粉煤灰陶粒

1. 粉煤灰陶粒优点

粉煤灰陶粒之所以在全世界得到快速发展，是因为它具有其他材料所不具备的许多优异性能，这些优异性能使它具有了其他材料无法取代的作用。粉煤灰的优异性能有以下几个方面：

（1）密度小、质轻。粉煤灰陶粒自身的堆积密度小于 $1100kg/m^3$，一般为 $300 \sim 900kg/m^3$。以粉煤灰陶粒为骨料制作的混凝土密度为 $1100 \sim 1800kg/m^3$，相应的混凝土抗压强度为 $30.5 \sim 40.0MPa$。陶粒的最大特点是外表坚硬，而内部有许许多多的微孔。这些微孔赋予陶粒质轻的特性。200 号粉煤灰陶粒混凝土的密度为 $1600kg/m^3$ 左右，而相同标号的普通混凝土的密度却高达 $2600kg/m^3$，二者相差 $1000kg/m^3$。

（2）保温、隔热。粉煤灰陶粒由于内部多孔，故具有良好的保温隔热性，用它配制的混凝土的热导率一般为 0.3~0.8W/(m·K)，比普通混凝土低 1~2 倍。因此，陶粒建筑都有良好的热环境。

（3）耐火性好。陶粒具有优异的耐火性。普通粉煤灰陶粒混凝土或粉煤灰陶粒砌块集保温、抗震、抗冻、耐火等性能于一体，特别是耐火性是普通混凝土的 4 倍多。对相同的耐火周期，陶粒混凝土的板材厚度比普通混凝土薄 20%。此外，粉煤灰陶粒还可以配制耐火度在 1200℃ 以下的耐火混凝土。在 650℃ 的高温下，陶粒混凝土能维持常温下强度的 85%，而普通混凝土只能维持常温下强度的 35%~75%。

（4）抗震性能好。陶粒混凝土由于质量轻，弹性模量低，抗变形性能好，故具有较好的抗震性能。

（5）吸水率低，抗冻性能和耐久性能好。陶粒混凝土耐酸、碱腐蚀和抗冻性能优于普通混凝土。250 号粉煤灰陶粒混凝土，15 次冻融循环的强度损失不大于 2%。陶粒混凝土是一种优良的建筑材料，应大力推广使用。

2. 粉煤灰陶粒生产工艺

利用粉煤灰生产陶粒有塑性法成球和磨细法成球两种工艺。下面是塑性法成球的基本工艺流程。

根据原料不同，料球制备方法差异很大。一般要掺加 20%~25% 的黏结剂（页岩、黏土或煤矸石），以防止料球在窑内滚碎。由于粉煤灰中 Al_2O_3 含量较高（20%~35%），为有效降低焙烧温度，需掺加一定量的助熔剂。

塑性法制粒成球是粉煤灰、黏结剂和外掺剂经准确计量、混合、搅拌和轮碾等工序，达到均匀混合和水分匀化后，送入成球机成球。

磨细成球法是将原料计量配比、混合磨细（各种配料混合磨细或部分粉煤灰混合磨细），预加水搅拌（含水率 10%~12%），由圆盘成球机制粒成球。

具体采用何种料球制备工艺应根据原料性能和陶粒产品要求的性能指标（超轻陶粒还是高强陶粒）情况确定。

3. 高强粉煤灰陶粒的生产

由轻集料国家标准（GB/T 17431.1—2010）可知，密度等级在 600~900 级的高强陶粒其相应的强度要比普通陶粒高 1~2 个密度等级，而吸水率要低 7%，其他指标则与普通陶粒相同，故生产高强度陶粒不仅要增加其密度，其相应的强度等指标也得提高。因此，生产高强度陶粒必须要采取一套工艺技术措施，即：对原料及其组分应进行选择；对塑性法和粉磨法的原料和混合料必须进行充分均化处理和必要的组分调整；根据原料的性能选择合理的热工制度；采取正确的冷却制度。

通过上述四道工序的调整和控制才可能生产出合格的高强陶粒，否则是生产不出高强陶粒的。高强粉煤灰陶粒的生产，当前有两种窑炉工艺可采用：

（1）回转窑工艺。采用回转窑工艺生产高强粉煤灰陶粒，我国于 20 世纪 70 年代末 80 年代初分别由陕西建研院和上海建研院研制成功，所生产的高强粉煤灰陶粒用当时的混凝土配置技术已达 CL50 和 CL60。采用回转窑生产工艺的粉煤灰用量视粉煤灰和黏结剂的性能而定，粉煤灰掺量一般在 70%～80% 之间。为防止料球在运动过程中破碎，故粘合剂的用量比烧结机工艺约高 8%～10%。

（2）烧结机工艺。采用烧结机工艺生产粉煤灰陶粒，在我国虽有 30 余年的生产经验，但其产品性能达不到高强陶粒的指标。英国莱泰克的烧结机工艺技术，据资料介绍其产品性能达到了高强陶粒的指标。大庆地区已引进此项技术，并建成了规模为年产 30 万立方米的粉煤灰陶粒厂，希望通过这条引进线把我国烧结机工艺技术提高到一个新水平。

4. 超轻粉煤灰陶粒的生产

根据试验研究，各地方的粉煤灰除了少数含有高钙、高铁的灰种外，一般的粉煤灰都有烧胀性能，依据灰的组分和含碳量，经过适当的调整和处理后，其膨胀系数一般在 2.0～3.5 之间。

（1）回转窑烧成。按常规料球制备采用塑性制粒法和磨细成球法，因料球含水率较高（18% 左右），宜采用双筒回转窑。双筒回转窑对调节物料在干燥、预热带和焙烧带的停留时间和相应的焙烧制度更为有利，但其构造相对复杂，重量和造价比单筒回转窑高，漏风和维修量也相应增加。

双筒回转窑有高差式和插接式两种：前者前后两窑高差较大，使窑尾标高增高约 1.5～2m，配套的设备和土建工程费用明显增加，联结两窑的中间烟室漏风多，热损失大，导料槽易烧坏，在国内外已呈淘汰趋势；后者是当前国内发展最快的先进窑型，缺点是两窑插接处（插入深度 400～800mm）有一定的漏风和扬尘，需设置高性能的转动密封装置。双筒回转窑两窑的安装斜度相同，均在 4° 左右，各有独立的传动装置，一般配用 YCT 电磁调速三相异步电动机。调速范围：干燥预热窑一般 1～3r/min；焙烧窑一般 1.2～3.6 r/min。生产时通过电动调速求得物料在两窑内的最佳停留时间。

（2）冷却。对高强陶粒，由于焙烧温度较高，焙烧时间也比超轻和普通陶粒长 3～5min，其燃料装置也应做适当调整。以煤粉燃料为例，应将喷煤嘴向窑内多深入 300～380mm，适量增加一次风机的风压和风量，改用长火焰的喷煤嘴，使煤粉喷出速度自 30～40m/s 提高至 40～50m/s，并适当调节阀门增加窑尾抽力，使燃烧火焰长度从原来的 2～3m 延长至 3～4m。

从窑头卸出的陶粒温度为 900～1000℃，如直接卸入空气中或水池中急冷，会明显降低陶粒强度。因此，相对正规的陶粒厂都配有陶粒冷却机。国外常用的有多筒冷却机、单筒冷却机、竖式冷却机、分层冷却机、算式冷却机等；国内常用的有单筒冷却机、遥运冷却机和竖式分层冷却机等。

算式冷却机和遥运冷却机属通风型和空中快冷型，不利于提高陶粒强度。多筒冷却机和单筒冷却机属自然通风缓慢冷却型，利于提高陶粒强度，但效率低，卸料温度高（200～300℃），热利用率低。竖式分层冷却机也属通风型冷却，但实现了陶粒 1000～700℃、400℃ 以下快冷，700～400℃ 缓冷（用热风冷却）的最佳冷却制度，冷却效率高（约 25min），卸料温度低（机外气温 +50℃），陶粒余热利用率高（排出的热风 300～400℃，用于烘干碎煤或原料，部分送入窑内作一、二次热风），是目前国内外最先进的陶粒冷却机，用于高强粉煤灰陶粒生产线效果更加明显。

学习活动 4　粉煤灰造纸

　　粉煤灰是煤炭在锅炉中燃烧后产生的固态颗粒，如不妥善处理，会对环境造成污染。天富热电与厦门榕兴纸业制造有限公司同合作开发的"粉煤灰超细纤维配抄成特种纸产业化项目"，采用"以粉煤灰为原料制造超细纤维的方法"、"粉煤灰纤维纸浆及其原料的造纸方法"等国家发明专利，将粉煤灰作为原料与其他辅料按配方混合，经调整后使之与生产设备的工艺参数配套，生产出直径、纤维长度、韧度、强度和渣球含量达到技术要求的超细纤维，然后采用先进的工艺技术和设备对初纤维进行物理深加工和化学改性处理后，就可制造出粉煤灰纤维纸浆。

　　使用这种高科技绿色环保技术，可将固体废弃物资源化，减少耕地的占用和废弃物的排放，降低了生产成本。利用粉煤灰纤维纸浆在造纸过程中代替 30%～50% 的植物纤维纸浆，节约了大量的木材资源，而且克服了传统造纸行业用水量大的弊端，大幅度减少了水资源的消耗和污染，对保护生态环境、实现可持续发展具有深远影响。

　　利用粉煤灰纤维纸浆生产的各种纸张制品（图 1-6），具有防火、耐高温、吸湿率小、防腐、防蛀等特点，纸张的柔韧性、抗折性、耐破度、光感度等表面性能稳定，而且没有材料辐射的危害。产品可广泛用于国防、文教、化工、建材等领域，尤其是作包装材料可替代聚苯乙烯、聚丙烯、聚氯乙烯等塑料包装材料，生产沥青包装袋、水泥包装袋、化工产品包装袋等，使用后易于回收和处理，无二次污染。该纸制品物理性能达到植物纤维纸张的同等性能，而且在耐水性、防火性和耐腐蚀性方面优于植物纤维纸张，市场前景广阔。

图 1-6　粉煤灰造纸

学习活动 5　粉煤灰用于污水处理

　　粉煤灰是一种多孔性松散固体集合物，其主要成分是 SiO_2、Al_2O_3、Fe_2O_3、FeO，占 70% 左右，CaO 和 MgO 含量较少，比表面积较大（2500～5000cm^2/g）。从粉煤灰的物理化学性能来看，粉煤灰处理废水主要是通过吸附作用（物理吸附和化学吸附）。在通常情况下，两种吸附作用同时存在，但在不同条件（pH、温度等）下所体现出的优势不同，从而导致其吸附性能的变化。粉煤灰除了能够吸附去除有害物质外，其中的一些成分还能与废水中的有害物质作用使其絮凝沉淀。

另外，由于粉煤灰是多种颗粒的混合物，孔隙率较大，废水通过粉煤灰时，能过滤截留一部分悬浮物。但粉煤灰的混凝沉淀和过滤只是对吸附起补充作用，并不能替代吸附的主导地位。

1. 对城市污水的处理

粉煤灰处理城市污水的技术已应用于工业实践中，可有效地去除城市污水中的有机物、色度、重金属、磷等污染物质。哈尔滨马家沟粉煤灰处理城市污水示范工程，COD 的去除率为 67.16%，BOD_5 去除率为 52.14%，SS 的去除率为 90.18%，主要重金属的去除率都在 80% 以上，对色度和臭味的去除尤为明显，而投资和运行费用分别是二级生物处理法的 1/3 和 1/5；山西神头电厂曾进行过生活污水不经生物处理直接用于冲灰的现场实验，结果 COD 去除率为 67.137%，BOD_5 去除率为 69.183%，效果高于生物接触氧化法；董树军等以粉煤灰为吸附剂，通过间歇吸附实验研究了粉煤灰对生活污水中 COD 的吸附规律，并与活性炭的吸附性能进行了比较，结果表明，粉煤灰对生活污水中 COD 有较强吸附作用。

2. 对含重金属离子废水的处理

粉煤灰对 Hg^{2+}、Pb^{2+}、Cu^{2+}、Ni^{2+}、Zn^{2+} 等重金属离子都有较好的吸附效果，吸附去除率在 40%~90%，pH 值对粉煤灰吸附重金属离子的效果有一定影响。国外研究表明，粉煤灰对铜、锌、铅等重金属离子的吸附容量（mg/L）分别是：Cu 为 15~20；Zn 为 7~10；Pb 为 4~7。

3. 对含 PO_4^{3-} 废水的处理

由于粉煤灰的比表面积较大、表面能高，且存在着许多铝、硅等活性点，所以，具有较强的吸附能力。物理吸附效果取决于粉煤灰的多孔性及比表面积，比表面积越大，吸附效果越好。化学吸附主要是由于其表面具有大量 Si—O—Si 键、Al—O—Al 键与具有一定极性的有害分子产生偶极—偶极键的吸附，或是阴离子（如废水中的 PO_4^{3-}）与粉煤灰中次生的带正电荷的硅酸铝、硅酸钙和硅酸铁之间形成离子交换或离子对的吸附。

粉煤灰对阴离子的吸附以化学吸附为主，是一个放热的过程，反应发生在阴离子与粉煤灰中高度活泼的活性 CaO、Al_2O_3、Fe_2O_3 颗粒间。粉煤灰对除磷和除氟等效果明显。另外粉煤灰在水溶液中溶出的 Ca^{2+} 离子也能够与 PO_4^{3-} 生成沉淀。

4. 对工业废水的处理

近年来大量的研究表明粉煤灰对印染废水、造纸废水均具有较好的脱色除臭效果。阎存仙等研究了粉煤灰对活性染料、酸性染料、直接染料、阳离子染料、硫化染料和还原染料的脱色能力，确定了脱色为 91%~99% 时的工艺条件：加灰量 0.04~0.08g/mL，振荡吸附时间 3h，pH 为 2~10，废水质量浓度 10~600mg/L；朱洪涛等利用粉煤灰和过氧化氢联合处理印染废水，结果表明该方法对印染废水脱色率达 90%，COD 去除率达 70%，是一种良好的印染废水预处理法；隋智慧等研究用酸浸的粉煤灰和鼓风炉铁泥作原料制备 PBS 混凝剂，以处理印染废水。结果表明，PBS 与聚硅酸铝（PSA）絮凝剂配合处理印染废水，在 pH 值为 6~8、混凝剂投加量为 70mg/L 的条件下，悬浮物（SS）、COD、硫化物和色度的去除分别为 92.16%、82.13%、94.15% 和 95.17%，其混凝脱色性能明显优于常规混凝剂；赵明奎等进行了利用粉煤灰处理采油废水的研究，试验结果表明，粉煤灰对废水中的石油类、COD、氨氮、挥发酚等污染物具有较强的吸附作用，可有效去除废水中的污染物，利用粉煤灰处理后的采油废水有利于进一步生化处理，并具有投资省、运行管理简便、维护费用少等特点，经济效益和环境效益显著，用粉煤灰处理废乳化液、电厂含油污水，除油率可达 99% 以上，取得了良好的经济效益、环境效益和社会效益；Kumar 等完成了粉煤灰对酚类废水的研究，被处理的酚类物质质量浓度为 50~600mg/L，只要选择合适的用灰量就可获得满意的除酚效果，虽然吸附作用所需的时间要比活性炭长一些，但粉煤灰以价廉易得而占优势。

5. 对其他废水的处理

处理制革废水的显著特点是混凝沉降速度快，污泥体积小，处理费用低。利用粉煤灰处理含砷废水，具有原料来源广、价格低廉、处理工艺简单、成本小、以废治废等优点，具有很好的开发应用前景。

6. 改性粉煤灰对废水的处理

目前，粉煤灰因价廉、吸附性能好而被广泛应用于污水处理中，达到了废物回收利用的目的。但没有经过活化的粉煤灰，其吸附能力是相当有限的。因此，制备高效复合絮凝剂以对粉煤灰进行物理或化学改性来提高其吸附除污能力，已成为当前的热门课题。陈春超等用粉煤灰和黄（或硫）铁矿烧渣加适量固体 NaCl 于稀 H_2SO_4 或稀 HCl 中浸提，制得复合混凝剂来处理工业污水，COD 去除率可达 50%~85%，色度去除率达 88%~98%，且混凝速度快，污泥体积小，处理费用低；于衍真等用酸处理粉煤灰制得的混凝剂分别对造纸废水及制革废水进行试验，结果表明，处理效果明显优于单一无机混凝剂 $Al_2(SO_4)_3$ 和 $FeCl_3$；闫雷等以改性粉煤灰 HYL 为混凝剂，按 3150~4100g/L 的投加量，常温下沉降反应 1h，可使 COD 为 850mg/L 印染废水中的 COD 降到 170mg/L，色度降到 4 以下，达到国家行业排放标准；杨家玲等用粉煤灰复合吸附剂处理 50mg/L 左右的含氟废水时，当投加量为 0.6%~0.8% 时，去除率可达 90% 以上。因此，对粉煤灰进行物理或化学改性，研制高效复合粉煤灰混凝剂是提高粉煤灰利用重要的途径之一。

学习活动 6　粉煤灰用于噪声防治

将 70% 粉煤灰和 30% 硅质黏土材料及发泡剂等混合后，经二次烧成工艺可制得粉煤灰泡沫玻璃。这种玻璃具有耐燃防水、保温隔热、吸声隔音等优良性能，可广泛用于建筑、化工、食品和国防等部门的隔热保温、吸声和装饰等工程中。

由于粉煤灰中含有较多的碱性氧化物，水溶液呈碱性，所以粉煤灰可用于烟气脱硫。

粉煤灰也可改良土壤，使小麦增产；粉煤灰还可以生产肥料，防治作物的病虫害，提高作物的抗旱和抗灾性。现已利用粉煤灰开发出粉煤灰磷肥、硅复合肥等。

学习活动 7　从粉煤灰中提取氧化铝

在人们对煤炭需求量日益增加的同时，对铝、铜、铅、锌等有色金属的需求量也越来越高，其中对铝的需求量最大。由于铝主要来源于氧化铝的电解，所以对铝需求量的急剧增加导致了氧化铝的大量生产和消耗，也同时导致了氧化铝价格的大幅上升。据英国 CRU 统计，2011 年全球氧化铝产量约为 9190 万吨，需求约 8996 万吨，供需富余 194 万吨，与此同时，2011 年氧化铝的国际市场价格大约 3000 元/吨左右。2012 年，氧化铝总产量为 9784 万吨，总消费量为 9594 万吨，供需富余 190 万吨，氧化铝的价格有所回落。在国内，我国氧化铝的供求矛盾更为突出，2011 年，我国氧化铝总产量为 3411 万吨左右，进口量高达 195 万吨，2012 年总产量增到 3768 万吨，进口量高达 469 万吨左右。

目前，国内外的氧化铝生产几乎全部来源于铝土矿的冶炼。在我国，氧化铝的大量生产导致优质铝土矿急剧减少。尽管国内的铝土矿资源丰富，但 Al/Si 大于 10 的优质铝土矿很少，95%的铝土矿品位低、Al/Si 低、溶出性差，决定了我国氧化铝生产工艺流程长、能耗高、成本高。加之我国的铝土矿分布极不平衡（我国的铝土矿主要分布于山西、河南、贵州、山东和广西五省，其他地区分布很少），且铝土矿开采技术落后，开采效率低下，这进一步加速了我国优质铝土矿的枯竭。

高铝粉煤灰的 Al/Si 虽然低于碱石灰烧结法所采用的中低品位铝土矿，但经过预先脱硅处理之后，Al/Si 会明显提高并与铝土矿接近。另外，与铝土矿相比，粉煤灰颗粒细，硬度低，这样就能免去繁杂的选矿和破碎工序，这也是粉煤灰提取氧化铝的优势之一。严密的研究论证表明，采用适当的技术方案从这类高铝粉煤灰中提取 Al_2O_3，在技术上、环保上、经济效益和社会效益上都是可行的。

化学及物相成分分析结果表明，高铝粉煤灰除了富含 Al_2O_3 以外，还含有以下两种非常有提取价值的资源：第一，高铝粉煤灰含有一定数量的玻璃相，这些玻璃相以非晶态 SiO_2 为主，其中的 SiO_2/Al_2O_3（质量比）高达 12.3。能在提取 Al_2O_3 的同时，也能将非晶态 SiO_2 偕同提取，并将提取的 SiO_2 进一步处理成白炭黑或者其他硅质产品，大幅增加这类高铝粉煤灰的利用价值。第二，高铝粉煤灰含有铁和非玻璃相 SiO_2，能用于生产铝硅铁合金。

目前，内蒙古大唐再生资源有限公司投资建成高铝粉煤灰提取氧化铝年产 20 万吨循环经济项目。同时，又在建设二期年产 100 万吨的项目。其他各企业也都在积极投产该项目，应用前景十分广泛。

学习活动 8　粉煤灰综合利用途径

1. 用于农业

粉煤灰在农业方面主要是用于改良轻重黏土、生土、酸性土、盐碱土，还用于覆盖小麦、水稻育秧，以及用于城市垃圾堆肥或生产复合肥料。

粉煤灰施于土壤，可改善土壤的物理结构，提高地温和保水能力。粉煤灰含有磷、钾、镁、硼、钼、锰、钙、铁、硅等植物所需的元素。适量施用粉煤灰能促进作物的生长，增加产量。粉煤灰还能明显提高农作物对麦锈病、稻瘟病、大白菜烂心病和果树黄叶病等的抗病能力，也能增加豆科作物的固氮能力。

2. 用于工业

粉煤灰中含有较多的氧化硅和氧化铝，它们在常温下能与氢氧化钙起化学反应，生成较稳定的水化硅酸钙和水化铝酸钙，这使粉煤灰具有水硬活性。粉煤灰中大部分颗粒为表面光滑的玻璃体，能增进水泥拌合物的和易性，使拌合物易于输送和操作。因此，粉煤灰可在建筑材料工业、土木建筑工程中广泛利用。例如，可作为生产粉煤灰蒸养砖、粉煤灰黏土烧结砖、粉煤灰煤矸石烧结砖、粉煤灰硅酸盐砌块、墙板、粉煤灰石膏板、粉煤灰陶粒、粉煤灰加气混凝土等的原料；可作为生产硅酸盐水泥、火山灰质硅酸盐水泥、粉煤灰特种水泥等的主要原料；可作为水泥砂浆和混凝土的掺合料，也可作为道路路基工程材料和稳定地基材料。

粉煤灰中的空心玻璃体称为空心微珠，可用作炸药、塑料、橡胶、沥青、喷料、涂料、绝缘材料、防火材料以及玻璃钢中的填料。粉煤灰中还含有一定数量的铁、铝、钛、钒、锗等金属，可用不同方法提取回收。

3. 利用粉煤灰生产墙体材料

利用粉煤灰生产新型墙体材料，不仅可以消耗掉大量的粉煤灰材料，而且不会产生二次污染，是资源综合利用的有效途径之一。

为了保护土地资源，减少能源浪费、降低环境污染，促进社会可持续发展，国家出台了一系列关于发展新型墙体材料的优惠政策。2005 年 6 月，《国务院办公厅关于进一步推进墙材革新和推广建筑节能的通知》（国办发［2005］33 号）发布，这是国务院再一次就推动墙改和建筑节能而下发的文件。文件中明确指出，对已限期禁止生产、使用实心黏土砖的 170 个城市，要向逐步淘汰黏土制品推进，并向郊区城镇延伸。力争到 2006 年底，使全国实心黏土砖年产量减少 800 亿块。到 2010 年底，所有城市禁止使用实心黏土砖，全国实心黏土砖产量控制在 4000 亿块以下。

2010 年世博会的山西馆外墙就选用了太钢集团生产的粉煤灰加气混凝土砌块，粉煤灰加气混凝土砌块，具有重量轻、保温隔热性能好的优点，是节能新型环保墙体材料。山西馆外墙采用粉煤灰加气混凝土砌块这一新型节能环保建筑材料，向世人传递山西近年来大力推进节能减排，发展循环经济、低碳经济，实现绿色发展、和谐发展的成果，成为上海世博会省（市、区）馆建设中的一大亮点。

来自国家发改委的数据显示，近几年，在国家一系列鼓励政策的引导下，我国资源综合利用取得了显著成效。据初步统计，2008 年，我国工业固体废物综合利用量为 12.3 亿吨，综合利用率达 64.3%，比 2000 年提高了 12.5 个百分点，其中粉煤灰、煤矸石、冶炼废渣综合利用率分别达 67%、55%、85%，基本实现了由"以储为主"向"以用为主"的转变。矿产综合利用水平有所提高，目前矿产资源总回收率已近 35%，共伴生矿产综合利用率已近 40%。社会生产和消费过程中产生的各种废弃物的回收和再生利用规模也不断扩大，环境效益和经济效益显著。2008 年，我国水泥原料的 25% 来自大宗固体废物，利用废墙体材料产量已占新型墙体材料的 50%，建材工业综合利用固体废物达 5 亿多吨。2009 年，我国资源循环利用产值超过 5000 万元的企业超过了 2800 家，资源循环利用产业总产值超过 1 万亿元。根据中国资源综合利用协会测算，2009 年我国综合利用粉煤灰约 4 亿吨、煤矸石约 3.6 亿吨、脱硫石膏约 1900 万吨，综合利用率分别为 68%、68% 和 45%。2009 年，主要再生有色金属产量约 633 万吨，超过了 1998 年全国有色金属的总产量（616 万吨），占当年 10 种有色金属总产量的 24.3% 左右，成为有色金属产业资源的重要补充。

　　按照国家要求，2005 年年底前，我国所有省会城市禁止使用实心黏土砖，代之而起的是新型的墙体材料，作为新产业，新型墙体材料的开发应用有广阔的前景。用新型墙体材料取代传统墙体材料是建材工业结构调整的重要内容，也为提高粉煤灰综合利用创造了有利条件。

学习活动 9　粉煤灰利用技术和层次

　　目前，综合利用普通粉煤灰的技术和方法根据其所依托的技术和层次，可将其大致地划分为三大类。

　　1. 低技术利用

　　（1）用于道路工程和水利工程：路基回填、高速公路路堤，路面基层混合材（二灰土）；粉煤灰修筑水库大坝等。

　　（2）回填：处理地表塌陷坑或回填矿井，加极少量水泥（石灰）作建筑物基础的回填，小坝和码头等的填筑等。

　　（3）农业应用：改良土壤，制作磁化肥、微生物复合肥、农药等；低洼地填高复土造田；改良酸性、黏性土壤。

　　（4）人工景观。

　　2. 中技术利用

　　（1）作为掺合料（矿物外加剂）用于混凝土。粉煤灰可作为掺合材料加入混凝土，可提高混凝土的抗拉、抗弯强度和抗渗性、耐磨性、抗冲击性等。在实际施工中，由于粉煤灰的滚珠效应，掺粉煤灰的混凝土有较大的有效振捣半径，易于振捣密实。

　　（2）作为混合材用于水泥生产。按我国水泥标准 GB 1344—1999 规定，粉煤灰可按质量百分比 30% 掺入水泥熟料。用粉煤灰、矿渣作混合材，不但能降低混凝土水化热，若以超细粉加入，还能大大提高水泥强度，其水泥产品具有水化热低、抗硫酸盐和软水侵蚀、抗冻等性能。

　　（3）作为水泥熟料的原料。利用粉煤灰的化学组成，加入适当校正材料（如风积沙），可生产出与水泥生料性质相当的原料。

　　（4）砂浆掺合料。砂浆制作时，用粉煤灰取代部分水泥和黄沙，可获得显著的经济效益。

　　（5）建材制品方面的应用。利用粉煤灰来生产硅酸盐承重砌块和小型空心砌块、加气混凝土砌块及板、烧结陶粒、烧结砖、蒸压砖、蒸养砖、高强度双免浸泡砖、双免砖、钙硅板等。

3. 高技术利用

（1）粉煤灰硅铝铁合金冶炼。在高温下用碳将粉煤灰中的 SO_2，Al_2O_3，Fe_2O_3 等氧化物的氧脱去，并除去杂质制成硅、铝、铁三元合金或硅、铝、铁、钡四元合金，作为热法炼镁的还原剂和炼钢的脱氧剂，这样粉煤灰利用率高，成本低，市场大，可显著提高金属镁的纯度和钢的质量。

（2）作为塑料、橡胶、油漆的填充料。粉煤灰在此主要作为添加剂来使用，可以不断扩大粉煤灰的高值利用领域。

（3）粉煤灰复合高温陶瓷涂层技术、粉煤灰微珠复合材料、粉煤灰微珠细末分离技术等。

（4）利用超细粉煤灰取代硅粉。

虽然粉煤灰的应用领域很广，在实践中受各种外部和内部条件的限制。往往是：低技术，是大用量，低效益（大部分则起了代替土的作用）；中技术，是中用量，中效益；高技术，是低用量，高效益。低技术利用主要取决于外部建设环境，中级利用取决于电厂和水泥基地的布局和有效运输半径。高级利用主要取决于技术、资金和市场。

学习活动 10　内蒙古粉煤灰综合利用情况

近几年来，内蒙古自治区从自身实际出发，积极引导企业开展粉煤灰综合利用，鼓励企业加快技术创新步伐，研发、推广和应用粉煤灰综合利用产品，并进而推动产品生产的规模化和多元化，取得了很大进展。这其中，我国最大的燃煤火力发电厂大唐托克托电厂的做法尤为引人关注。

大唐托克托电厂拥有 8 台 600MW 机组，每年耗煤约为 1400 万吨，产生粉煤灰 200 多万吨。该电厂主要使用准格尔煤，其粉煤灰中 50% 以上是氧化铝和硅铝合金。过去，这些粉煤灰除了少量用于简单的建材辅料添加剂外，大部分都作为废物被遗弃，既占用土地，污染周边环境，又极大地浪费了固有资源。

几年前，在内蒙古自治区科技部门的组织协调下，大唐托克托电厂与清华同方投资公司、清华同方环境公司三家合资，共同开发高铝粉煤灰综合利用项目。最终，经三方科技人员的共同努力，一条具有自主知识产权的粉煤灰综合利用工艺生产线研发成功，并于 2008 年正式投入生产运行。据专家介绍，这个项目的实施将为彻底解决粉煤灰的终端利用问题创造条件。

为了加快粉煤灰综合利用步伐，尽快将废物变为财富，内蒙古自治区还鼓励、支持和引导社会力量来投资、开发粉煤灰综合利用项目。蒙西鄂尔多斯铝业公司就在有关部门的支持、引导下，投资 18 亿元建设了国内首条粉煤灰提取氧化铝生产线，实现年产 40 万吨氧化铝、每年可消耗粉煤灰 160 万吨的目标。据该公司总经理佟福林介绍，这个项目不仅可以解决粉煤灰污染环境、危害生态、浪费资源的问题，而且还比传统工艺节约生产成本。此外，粉煤灰提取氧化铝后产生的硅钙渣经工艺处理转化为水泥熟料后，还可以使水泥产量提高 30% 以上，综合能耗下降 20% 左右。

整个生产过程最终实现零排放、零污染。如今，经过科技人员的艰辛努力和企业的不断实践，粉煤灰的用途变得越来越广泛。包头是内蒙古自治区最大的工业城市，随着电力工业的快速发展，粉煤灰的积储量也越来越大。为了切实做好粉煤灰综合利用工作，包头市专门制定了《粉煤灰综合利用管理办法》，推动粉煤灰综合利用工作。目前，已有 60 余条以粉煤灰为原料的新型墙体材料生产线投入运行，年产新型墙体材料 10 亿标准块以上，利用粉煤灰 344 万吨。粉煤灰的综合利用给包头市带来直接的经济效益和明显的社会效益，不仅每年减少占地 1000 亩，而且以粉煤灰为原料制成的新型墙体材料替代黏土砖可以减少取土毁地 1500 亩。

为了推动粉煤灰综合利用工作，内蒙古自治区将于近几年建设 21 个粉煤灰综合利用项目，使粉煤灰综合利用率达到 75% 以上。届时，粉煤灰"有害无用"的时代将被终结，更多以粉煤灰为原料的新产品将问世，昔日的废料将成为名副其实的"宝贝"。

学习任务 3 二次盐酸脱水重量法测定 SiO_2 含量

学习目标：（1）掌握基本化学仪器的操作；
（2）掌握二次盐酸脱水重量法测定 SiO_2 含量的方法；
（3）掌握化学分析基本操作；
（4）学会马弗炉的结构及操作。

方法提要：试样经分解、酸化、蒸干后，在 105~110℃ 烘干脱水分离二氧化硅，一次分离后的滤液再经蒸干，进行二次烘干脱水，将二次分离出的二氧化硅合并灼烧、称量，计算二氧化硅含量。

学习活动 1 试验准备

1. 仪器准备

马弗炉、铂坩埚、塑料烧杯、玻璃棒、容量瓶、电子天平、洗耳球、玻璃烧杯、滴定台、铁架台、量筒、锥形瓶、吸量管、电热板、恒温干燥箱。

2. 试剂和材料准备

（1）无水碳酸钠。
（2）盐酸（1+1）：密度为 $1.19g/cm^3$ 的盐酸与水等体积混合。
（3）2% 盐酸：2mL 密度为 $1.19g/cm^3$ 的盐酸与 98mL 水混合。
（4）盐酸：密度为 $1.19g/cm^3$。
（5）硫酸（1+1）：将密度为 $1.84g/cm^3$ 的硫酸在不断搅拌下慢慢倒入等体积的水中（必要时应在冷水浴中进行）。
（6）氢氟酸：密度为 $1.15g/cm^3$。
（7）粉煤灰。

学习活动 2 分析步骤

（1）准确称取 0.5000g 试样，放入底部有一薄层无水碳酸钠的铂坩埚中，加无水碳酸钠 4~5g，以尖头玻璃棒搅匀，用滤纸角擦净玻璃棒上粘附物一并置于坩埚中，表面再加盖一薄层无水碳酸钠。将坩埚加盖，放入马弗炉，于 950~1000℃熔融 30min。取出坩埚冷却至室温。将坩埚连盖一同放入 250mL 烧杯中，以 50mL 热的盐酸（1+1）浸取熔块，待熔块全部脱落后以热水和淀帚洗净坩埚及坩埚盖，以玻璃棒压碎熔块。将溶液加热蒸发至干，放入恒温干燥箱中于 105~110℃烘 1h，取出烧杯，加盐酸 5mL，放置数分钟，加沸水 50mL，搅拌使盐类溶解，以中速定量滤纸过滤，用热的 2%盐酸以倾泻法洗烧杯 2~3 次，将沉淀全部移到滤纸上，以淀帚及 2%盐酸洗净烧杯并继续洗沉淀 5~6 次，最后以热水洗至无氯离子。

（2）将上述滤液按前步骤再次蒸、烘干脱水、过滤、洗涤，滤液以 300mL 烧杯承接。

（3）将两张盛有硅酸沉淀的滤纸置于同一铂坩埚中，低温灰化后放入马弗炉于 950~1000℃灼烧 40min，取出坩埚放入干燥器中冷至室温，称量，反复灼烧至恒重。

（4）向坩埚中加硫酸（1+1）0.5mL 及氢氟酸 5mL，将坩埚置于通风橱内加热直至冒白烟，再加氢氟酸 5mL，加热蒸干并加强热使白烟冒尽，将坩埚放入马弗炉内于 1000℃灼烧 10min 取出放入干燥器中冷至室温。称量，反复灼烧，直至恒重。

（5）两次滤液合并，蒸发至适当体积移入 200mL 容量瓶，稀释至刻度，摇匀（溶液 A）。此溶液可用于其他化学组分的测定。

注意：沉淀经氢氟酸处理后如有明显残渣存在，应以焦硫酸钾处理与溶液 A 合并。

学习活动 3　结果分析

二氧化硅含量（质量分数）X_1（%）按下式计算：

$$X_1 = \frac{m_1 - m_2}{m_0} \times 100$$

式中　m_1——氢氟酸处理前沉淀及坩埚的质量，g；

　　　m_2——氢氟酸处理后坩埚的质量，g；

　　　m_0——试样的质量，g。

允许误差：同一试样两次测定结果允许绝对误差为 0.4%。

学习任务 4　氟硅酸钾容量法测定 SiO_2 含量

学习目标：（1）掌握基本化学仪器的操作；

　　　　　　（2）掌握氟硅酸钾容量法测定 SiO_2 含量的方法；

　　　　　　（3）掌握化学分析基本操作；

　　　　　　（4）学会马弗炉的结构及操作。

方法提要：试样经分解，在硝酸介质中加入足够 K^+ 和 F^-，使硅酸呈氟硅酸钾沉淀析出。沉淀经过滤、洗涤、中和后加沸水使氟硅酸钾水解，以氢氧化钠标准溶液滴定沉淀水解形成的氟氢酸，根据氢氧化钠标准溶液消耗量计算二氧化硅含量：

$$SiO_3^{2+} + 2K^+ + 6F^- + 6H^+ \longrightarrow K_2SiF_6 \downarrow + 3H_2O$$

$$K_2SiF_6 + 3H_2O \longrightarrow 2KF + H_2SiO_4 + 4HF$$

$$HF + NaOH \longrightarrow NaF + H_2O$$

学习活动 1　试验准备

1. 仪器准备

马弗炉、银坩埚、塑料烧杯、玻璃棒、容量瓶、电子天平、洗耳球、玻璃烧杯、滴定台、铁架台、量筒、锥形瓶、吸量管、电热板、恒温干燥箱。

2. 试剂和材料准备

（1）无水乙醇。

（2）氢氧化钠。

（3）氯化钾：2mL 密度为 1.19g/cm³ 的盐酸与 98mL 水混合。

（4）硝酸：密度为 1.4g/cm³。

（5）10% 氟化钾：16.2g 氟化钾（KF·2H₂O）溶于适量水中，稀释至 100mL。

（6）5% 氯化钾：5g 氯化钾溶于适量水中，稀释至 100mL。

（7）5% 氯化钾-乙醇：50g 氯化钾溶于 500mL 水中，以无水乙醇稀释至 1L。

（8）1% 酚酞指示剂：1g 酚酞溶于 100mL 无水乙醇中。

（9）0.15mol/L 氢氧化钠：6g 氢氧化钠溶于 300mL 水中，加热至近沸，加 10% 氯化钡 2mL，煮沸使沉淀凝聚。取下冷却，以定性滤纸过滤并以除去二氧化碳的水稀释至 1L。以苯二甲酸氢钾进行标定。

标定：称取在 105~110℃ 烘过 2h 的苯二甲酸氢钾 0.6126g 于 250mL 烧杯中，加入经煮沸除去二氧化碳的水 150mL，搅拌使溶解，稍冷，加酚酞指示剂 3 滴，以 0.15mol/L 氢氧化钠标准溶液进行滴定，至溶液出现稳定的微红色为终点。

氢氧化钠标准溶液的浓度（mol/L）：按下式计算：

$$c = \frac{m \times 1000}{204.21 \times V}$$

式中　V——滴定时消耗氢氧化钠标准溶液体积，mL；

　　　　m——苯二甲酸氢钾质量，mg；

　204.21——1mol/L 苯二甲酸氢钾的质量，mg。

（10）粉煤灰。

（11）10% 氯化钡溶液：10g 氯化钡（BaCl₂·2H₂O）溶于适量水中，稀释至 100mL。

学习活动 2　分析步骤

（1）准确称取 0.5000g 试样放入银坩埚中，加数滴无水乙醇使试样润湿，加氢氧化钠 4~6g，加坩埚盖并将坩埚置于马弗炉中，逐渐升温至 600~650℃，在此温度保持 10min，取出冷却。

（2）将坩埚外部擦净，连盖一同放入 250mL 烧杯中，以沸水浸取熔块，用热水及淀帚洗净坩埚及坩埚盖，在不断搅拌下一次加入 25mL 盐酸使沉淀全部溶解，冷至室温，将溶液移入 200mL 容量瓶中，以水稀释至刻度，摇匀（溶液 B）。此溶液可用于其他化学组分的测定。

（3）用移液管准确吸取上述溶液 20mL 于塑料杯中，加氯化钾 2~3g 及硝酸 10mL，搅拌使氯化钾溶解，溶液经流水冷却后，加 10%氟化钾溶液 10mL，充分搅拌数次静置 5min，以快速定性滤纸过滤，以 5%氯化钾溶液洗塑料杯及沉淀 4~5 次，将沉淀连同滤纸放入原塑料杯中，加 5%氯化钾-乙醇溶液 10mL 及酚酞指示剂 10 滴，以 0.15mol/L 氢氧化钠标准溶液边中和边将滤纸捣碎，直至溶液出现稳定的粉红色，以杯中碎滤纸擦拭杯壁，并继续中和至红色不退为止。加入经煮沸除去二氧化碳的水 150mL，充分搅拌使沉淀水解完全，以氢氧化钠标准溶液进行滴定，至溶液出现稳定的微红色为终点。

注意：

（1）室温在 32℃以上可用冰水冷却。

（2）为防止沉淀水解，过滤、洗涤等操作应尽量缩短时间，当试样较多时，应分批进行沉淀，每一批不宜超过 5~6 只。

学习活动 3　结果分析

二氧化硅含量（质量分数）X_2（%）按下式计算：

$$X_2 = \frac{T \cdot V \times 10}{m \times 1000} \times 100$$

式中　T——氢氧化钠标准溶液对二氧化硅的滴定度，mg/mL，$T = c \times 15.02$；

　　　V——滴定时消耗氢氧化钠标准溶液的体积，mL；

　　　m——试样的质量，g。

允许误差：同一试样两次测定结果允许绝对误差为 0.4%。

学习任务 5　比色法测定 Fe_2O_3 含量

学习目标：（1）掌握分光光度计的操作；

　　　　　　（2）掌握比色法测定 Fe_2O_3 含量的方法。

方法提要：在氨性溶液中，铁离子与磺基水杨酸生成黄色络合物，以分光光度计于 420nm 波长处测定溶液吸光度，根据标准曲线查得的毫克数，计算三氧化二铁含量。

学习活动 1　试验准备

1. 仪器准备

分光光度计、塑料烧杯、玻璃棒、容量瓶、电子天平、洗耳球、玻璃烧杯、滴定台、铁架台、量筒、锥形瓶、吸量管、电热板、恒温干燥箱。

2. 试剂和材料准备

（1）25%磺基水杨酸：25g 磺基水杨酸溶于适量水中，稀释至 100mL。

（2）氨水（1+1）：密度为 0.9g/cm³ 的氨水与水等体积混合。

（3）三氧化二铁标准溶液：称取纯铁丝（或基准铁粉）0.0699g，以 25mL 盐酸（1+1）溶解后移入 1L 容量瓶。稀释至刻度，摇匀。此溶液 1mL 相当于 0.1mg 三氧化二铁。

学习活动 2　分析步骤

1. 标准曲线的绘制

以滴定管准确分取 0，1，3，5，7，10，15mL 三氧化二铁标准溶液分别置于 100mL 容量瓶中，以水稀释至 40mL，加 25%磺基水杨酸 10mL，在不断摇动下逐滴加入氨水（1+1）至溶液出现黄色并过量 2mL，以水稀释至刻度，摇匀，在分光光度计上于 420nm 波长处以 5cm 比色槽测定吸光度，并绘制标准曲线。

2. 试样分析

用移液管吸取溶液 A 或溶液 B 20mL 于 100mL 容量瓶中，以水稀释至 40mL，以下按标准曲线绘制的操作步骤进行，在分光光度计上测定吸光度。

注意：以溶液 B 进行测定时，氨水加入速度宜快，显色后在 15min 内比色完毕，以防止溶液出现浑浊。

学习活动 3　结果分析

三氧化二铁含量（质量分数）X_3（%）按下式计算：

$$X_3 = \frac{m \times 10}{m_0 \times 1000} \times 100$$

式中　m——自标准曲线中查得的三氧化二铁的毫克数；

　　　m_0——试样的质量，g。

允许误差：同一试样两次测定结果允许误差见下表。

含量/%	允许平均相对误差/%	允许绝对误差/%
≥0.50	15	—
<0.50	—	0.06

学习任务 6　络合滴定法测定 Fe_2O_3 含量

学习目标：（1）掌握化学滴定的操作；

　　　　　（2）掌握络合滴定方式测定 Fe_2O_3 含量的方法；

　　　　　（3）掌握化学滴定基本操作。

方法提要： 铁离子在 pH 为 1~3 范围内能与 EDTA 定量络合，用磺基水杨酸作为指示剂，以 EDTA 标准溶液进行滴定，溶液由紫红色突变为亮黄色为终点，根据 EDTA 标准溶液消耗量计算三氧化二铁含量。

学习活动 1　试验准备

1. 仪器准备

玻璃棒、容量瓶、电子天平、洗耳球、玻璃烧杯、滴定台、铁架台、量筒、锥形瓶、吸量管、电热板、恒温干燥箱。

2. 试剂和材料准备

（1）氯酸钾。

（2）氨水（1+1）：密度为 0.9g/cm³ 的氨水与水等体积混合。

（3）10%磺基水杨酸：10g 磺基水杨酸溶于适量水中，稀释至 100mL。

（4）乙酸-乙酸钠缓冲溶液：136g 乙酸钠（NaAc·3H₂O）溶于适量水中，加冰乙酸 3.3mL 以水稀释至 1L。此溶液 pH 为 6。

（5）0.2%二甲酚橙指示剂：0.2g 二甲酚橙溶于 100mL 水中。

（6）0.01mol/L EDTA：3.7g 乙二胺四乙酸二钠溶于 200mL 水中，稀释至 1L。

标定：准确吸取 0.01mol/L 氧化锌标准溶液 10mL 于 250mL 烧杯中，以水稀释至 100mL，加 pH 为 6 的乙酸-乙酸钠缓冲溶液 20mL 及 0.2%二甲酚橙指示剂 3 滴，以 EDTA 标准溶液进行滴定，溶液由红色变为黄色为终点。

EDTA 标准溶液的浓度 c（mol/L）按下式计算：

$$c = \frac{M_{ZnO} \times V_{ZnO}}{V_{EDTA}}$$

式中　M_{ZnO}——氧化锌标准溶液的浓度，mol/L；

　　　V_{ZnO}——吸取氧化锌标准溶液的体积，mL；

　　　V_{EDTA}——滴定时消耗 EDTA 标准溶液的体积，mL。

学习活动 2　分析步骤

以移液管吸取溶液 A 或溶液 B 20mL 于 250mL 烧杯中，加氯酸钾 0.1g，以水稀释到 100mL，将烧杯置于电炉上加热。使氯酸钾溶解并继续加热至近沸，取下烧杯以氨水（1+1）中和至 pH 为 6~7，加 1mol/L 盐酸 3~4mL，搅拌使沉淀溶解，加 10%磺基水杨酸溶液 2mL，以 1mol/L 盐酸调节溶液酸度使 pH 在 1.3~1.5 范围内，以 0.01mol/L EDTA 标准溶液进行滴定，溶液由紫红色突变为亮黄色（含铁较低时为无色）为终点。

学习活动 3　结果分析

三氧化二铁含量（质量分数）X_4（%）按下式计算：

$$X_4 = \frac{T \cdot V \times 10}{m_0 \times 1000} \times 100$$

式中　T——EDTA 标准溶液对三氧化二铁的滴定度，mg/mL，$T = c \times 79.85$（79.85 是与 1.00mL EDTA 标准溶液（c(EDTA) = 1.00mol/L）相当的三氧化二铁的质量，mg）；

　　　V——滴定时消耗 EDTA 标准溶液的体积，mL；

　　　m_0——试样的质量，g。

允许误差：同一试样两次测定结果允许误差见下表。

含量/%	允许平均相对误差/%	允许绝对误差/%
≥0.50	15	—
<0.50	—	0.06

学习任务 7　TiO₂含量的测定

学习目标：（1）掌握原子吸收分光光度计的操作；

（2）掌握测定 TiO₂ 含量的方法；

（3）掌握标准曲线的绘制方法。

方法提要：钛离子与过氧化氢在酸性介质中生成黄色络合物，以磷酸作掩蔽剂消除 Fe^{3+} 的干扰，以分光光度计于 420nm 波长处测定溶液吸光度。根据标准曲线查得的毫克数计算二氧化钛含量。

学习活动 1　试验准备

1. 试剂和材料准备

原子吸收分光光度计、容量瓶、电子天平、洗耳球、玻璃烧杯、滴定台、铁架台、量筒、锥形瓶、吸量管、电热板、恒温干燥箱。

2. 药品准备

（1）硫酸（1+1）：将密度为 1.84g/cm³ 的硫酸在不断搅拌下慢慢倒入等体积的水中（必要时应在冷水浴中进行）。

（2）磷酸（1+1）：将密度为 1.69g/cm³ 的磷酸在不断搅拌下倒入等体积的水中。

（3）过氧化氢（1+9）：1 份 30% 的过氧化氢与 9 份水混合。

（4）二氧化钛标准溶液：准确称取于 950℃ 灼烧过的基准二氧化钛 0.2500g 于瓷坩埚中，以 6~8g 焦硫酸钾在 750℃ 熔 20min，取出冷却，以 100mL 热的硫酸（1+5）浸取熔块，冷却后移入 250mL 容量瓶中，以水稀释至刻度摇匀。

准确吸取上述溶液 50mL 于 500mL 容量瓶中，以水稀释至刻度，摇匀。此溶液 1mL 相当于 0.1mg 二氧化钛。

学习活动 2　分析步骤

1. 标准曲线的绘制

以滴定管准确分取 0，1，2，3，5，7，10mL 二氧化钛标准溶液分别置于 100mL 容量瓶中，以水稀释至 50mL，加硫酸（1+1）10mL、磷酸（1+1）2mL 和过氧化氢（1+9）5mL，以水稀释至刻度，摇匀。在分光光度计上于 420nm 波长处以 5cm 比色槽测定吸光度并绘制标准曲线。

2. 试样分析

以移液管吸取溶液 A 或溶液 B 20mL 于 100mL 烧杯中，加硫酸（1+1）10mL 于通风橱内加热蒸发至冒白烟。取下冷却，以水冲洗杯壁并稀释至 40mL，以定性滤纸过滤，以水洗烧杯 3 次，洗沉淀 5~6 次，滤液以 100mL 容量瓶承接。加磷酸（1+1）2mL 和过氧化氢（1+9）5mL，以水稀释至刻度，摇匀，在分光光度计上于 420nm 波长处以 5cm 比色槽测定吸光度。

注意：冒白烟后如无沉淀析出可不进行过滤。

学习活动 3　结果分析

二氧化钛含量（质量分数）$X_5(\%)$ 按下式计算：

$$X_5 = \frac{m \times 10}{m_0 \times 1000} \times 100$$

式中　m——自标准曲线中查得的二氧化钛的毫克数；

m_0——试样的质量，g。

允许误差：同一试样两次测定结果允许误差见下表。

含量/%	允许平均相对误差/%	允许绝对误差/%
≥0.10	30	—
<0.10	—	0.03

学习任务 8　Al₂O₃含量的测定

学习目标：（1）掌握反滴定的原理及操作；

（2）掌握测定 Al_2O_3 含量的方法；

（3）掌握缓冲溶液的使用。

方法提要：铝离子与 EDTA 在 pH 为 3~6 范围内可定量络合，但由于常温条件下络合速度缓慢，必须先加入过量 EDTA，加热促使反应加速进行。本法以亚硝基红盐为指示剂，以铜盐进行返滴定，在 pH 为 4.5 的条件下，指示剂由黄色经翠绿色突变为草绿色为终点。根据硫酸铜溶液消耗量计算三氧化二铝含量。

学习活动 1　试验准备

1. 仪器准备

表面皿、容量瓶、电子天平、洗耳球、玻璃烧杯、滴定台、铁架台、量筒、锥形瓶、吸量管、电热板、恒温干燥箱。

2. 试剂和材料准备

（1）0.035mol/L EDTA：将密度为 $1.84g/cm^3$ 的硫酸在不断搅拌下慢慢倒入等体积的

水中（必要时应在冷水浴中进行）。

（2）乙酸-乙酸铵缓冲溶液：77g 乙酸铵溶于 500mL 水中，加入 58.9mL 冰乙酸以水稀释至 1L，此溶液 pH 为 4.5。

（3）0.2%亚硝基红盐：0.2g 亚硝基红盐溶于 100mL 水中。

（4）0.035mol/L 硫酸铜：7.5g 硫酸铜（$CuSO_4 \cdot 5H_2O$）溶于有 5 滴硫酸（1+1）的 200mL 水中，以水稀释至 1L。

比较：准确吸取 0.035mol/L EDTA 标准溶液 20mL 于 250mL 烧杯中，以水稀释至 100mL，加 pH 为 4.5 的乙酸-乙酸铵缓冲溶液 20mL 及 0.2%亚硝基红盐指示剂 2mL，以硫酸铜溶液进行滴定，溶液由黄色经翠绿突变为草绿色为终点。

比较结果按下式计算：

$$K = \frac{V_{EDTA}}{V}$$

式中　K——每毫升硫酸铜溶液相当于 EDTA 标准溶液的体积；

V_{EDTA}——吸取 EDTA 标准溶液的体积，mL；

V——滴定时消耗硫酸铜溶液的体积，mL。

学习活动2　分析步骤

以移液管吸取溶液 A 或溶液 B 20mL 于 250mL 烧杯中。准确加入 0.035mol/L EDTA 标准溶液 20mL 和 pH 为 4.5 的乙酸-乙酸铵缓冲溶液 20mL，以水稀释至 100mL，取小块滤纸压于玻璃棒下，加盖表面皿，加热煮沸 3min，取下冷却至室温。以水冲洗表面皿及杯壁，加 0.2%亚硝基红盐 2mL，以 0.035mol/L 硫酸铜溶液进行滴定，溶液由黄色经翠绿突变为草绿色为终点。此法测定结果为铁、铝、钛合量。

如以铁、铝连续测定法进行三氧化二铝的测定，则向以络合滴定法测定过三氧化二铁的溶液中加入 0.035mol/L EDTA 标准溶液 20mL 和 pH 为 4.5 的乙酸-乙酸铵缓冲溶液 20mL，以下均同上述操作步骤进行。此法测得结果为铝、钛合量。

学习活动3　结果分析

三氧化二铝含量（质量分数）X_6（%）按下式计算：

$$X_6 = \frac{(20 - V \cdot K) \times T \times 10}{m_0 \times 1000} \times 100 - X_5 \times 0.6381 - X_4 \times 0.6384$$

式中　V——滴定时消耗硫酸铜溶液的体积，mL；

K——每毫升硫酸铜溶液相当于 EDTA 标准溶液的体积，mL；

T——EDTA 标准溶液对三氧化二铝的滴定度，mg/mL，$T = c \times 50.98$，（c 为 EDTA 标准溶液浓度，mol/L；50.98 是与 1.00mL EDTA 标准溶液（c（EDTA）= 1.00mol/L）相当的三氧化二铝的质量，mg）；

m_0——试样的质量，g；

0.6381——二氧化钛对三氧化二铝的换算因子；

0.6384——三氧化二铁对三氧化二铝的换算因子。

注意：铁、铝连续测定不作三氧化二铁项校正。

允许误差：同一试样两次测定结果允许绝对误差为 0.30%。

学习任务 9　CaO、MgO 含量的测定

学习目标： （1）掌握抽滤的原理及操作；

（2）掌握测定 CaO、MgO 含量的方法；

（3）掌握差减法的计算。

方法提要： 在 pH 为 10 的碱性溶液中，钙离子和镁离子能和 EDTA 定量络合，当 pH>12 时，镁离子形成氢氧化物沉淀，可单独测定钙的含量。本法以强碱分离法分离大量硅、铝及其他干扰元素，以酸性铬蓝 K- 萘酚绿 B 混合指示剂测定钙、镁合量，以钙指示剂测定氧化钙的含量，以差减法求得氧化镁的含量。

学习活动 1　试验准备

1. 仪器准备

真空抽滤泵、容量瓶、电子天平、洗耳球、玻璃烧杯、滴定台、铁架台、量筒、锥形瓶、吸量管、电热板、恒温干燥箱。

2. 试剂和材料准备

（1）20% 氢氧化钾：20g 氢氧化钾溶于适量水中，稀释至 100mL（现配现用或贮于塑料瓶中防止吸收二氧化碳）。

（2）无水碳酸钠。

（3）2% 碳酸钠：2g 无水碳酸钠溶于适量水中，稀释至 100mL。

（4）盐酸（1+4）：1 份密度为 1.19g/cm³ 的盐酸与 4 份水混合。

（5）三乙醇胺（1+2）：1 份三乙醇胺与 2 份水混合。

（6）钙指示剂。

（7）0.2% 二甲酚橙指示剂：0.2g 二甲酚橙溶于 100mL 水中。

（8）0.01mol/L 氧化锌标准溶液：称取经 900℃ 灼烧过的基准氧化锌 0.8138g 于 250mL 烧杯中，以 20mL 盐酸（1+1）溶解，移入 1L 容量瓶，以水稀释至刻度，摇匀。

（9）0.01mol/L EDTA：3.7g 乙二胺四乙酸二钠溶于 200mL 水中，稀释至 1L。

标定：准确吸取 0.01mol/L 氧化锌标准溶液 10mL 于 250mL 烧杯中，以水稀释至 100mL，加 pH 为 6 的乙酸-乙酸钠缓冲溶液 20mL 及 0.2% 二甲酚橙指示剂 3 滴，以 EDTA 标准溶液进行滴定，溶液由红色变为黄色为终点。

EDTA 标准溶液的浓度 $c(\text{mol/L})$ 按下式计算：

$$c = \frac{M_{\text{ZnO}} \times V_{\text{ZnO}}}{V_{\text{EDTA}}}$$

式中　M_{ZnO}——氧化锌标准溶液的浓度，mol/L；

V_{ZnO}——吸取氧化锌标准溶液的体积，mL；

V_{EDTA}——滴定时消耗 EDTA 标准溶液的体积，mL。

（10）20%酒石酸钾钠：20g 酒石酸钾钠溶于适量水中，稀释至 100mL。

（11）酸性铬蓝 K-蔡酚绿 B 混合指示剂：1 份酸性铬蓝 K 与 2 份蔡酚绿 B 混合。

（12）0.1%甲基红指示剂：0.1g 甲基红溶于 100mL 无水乙醇中。

（13）氯化铵-氢氧化铵缓冲溶液：67.5g 氯化铵溶于 200mL 水中，加入密度为 0.9 g/cm³ 的氢氧化铵 570mL，以水稀释至 1L，此溶液 pH 为 10。

学习活动2　分析步骤

以移液管吸取溶液 A 或溶液 B 100mL 于 250mL 烧杯中，加热近沸，以 20%氢氧化钾中和至溶液有大量沉淀出现并过量 20~25mL，加无水碳酸钠 2g，搅拌使溶解，烧杯置于电炉上加热煮沸 3min，取下放置使慢慢冷却至室温（或放置过夜）。以慢速滤纸过滤（或抽滤），以 2%碳酸钠溶液洗烧杯 3 次，将沉淀全部移至滤纸上，继续洗沉淀 3 次。以 20mL 热盐酸（1+4）分次将沉淀溶于原烧杯中，以热水洗滤纸 5~6 次，转动烧杯使杯壁残余沉淀溶解，将溶液移入 250mL 容量瓶中，以水稀释至刻度，摇匀。

1. 氧化钙的测定

以移液管吸取上述溶液 50mL 于 250mL 烧杯中，以水稀释至 100mL，加三乙醇胺（1+2）2~3mL，搅匀，加甲基红指示剂 1 滴以 20%氢氧化钾中和至溶液出现黄色并过量 6~8mL，使溶液 pH 不小于 12，加适量钙指示剂，以 0.01mol/L EDTA 标准溶液进行滴定，溶液由酒红色突变为纯蓝色为终点。

2. 氧化镁的测定

以移液管吸取上述溶液 50mL 于 250mL 烧杯中，以水稀释至 100mL，加三乙醇胺（1+2）和 20%酒石酸钾钠各 2~3mL，搅匀，加甲基红指示剂 1 滴，以 20%氢氧化钾中和至溶液出现黄色，加 pH 为 10 的缓冲溶液 8~10mL 及适量酸性铬蓝 K-蔡酚绿 B 混合指示剂，以 0.01mol/L EDTA 标准溶液进行滴定，溶液由酒红色突变为钢蓝色为终点。

注意：试样或蒸馏水中如有微量重金属或有色金属离子存在，可在滴定前加入 1~2mL 10%硫化钠或 0.2%铜试剂溶液以消除干扰。如有少量锰离子存在，可在加三乙醇胺前加 2%盐酸羟胺溶液 2mL 消除干扰。

学习活动3　结果分析

氧化钙含量（质量分数）$X_7(\%)$ 和氧化镁含量（质量分数）$X_8(\%)$ 的计算公式分别如下：

$$X_7 = \frac{T_1 \cdot V_1 \times 10}{m_0 \times 1000} \times 100$$

$$X_8 = \frac{(V_2 - V_1) \times T_2 \times 10}{m_0 \times 1000} \times 100$$

式中　V_1——滴定氧化钙时消耗 EDTA 标准溶液的体积，mL；

　　　V_2——滴定钙、镁合量时消耗 EDTA 标准溶液的体积，mL；

T_1——EDTA 标准溶液对氧化钙的滴定度，mg/mL，$T_1 = c \times 56.08$（56.08 是与 1.00mL EDTA 标准溶液（$c(\text{EDTA}) = 1.00\text{mol/L}$）相当的氧化钙的质量，mg）；

T_2——EDTA 标准溶液对氧化镁的滴定度，mg/mL，$T_2 = c \times 40.31$（40.31 是与 1.00mL EDTA 标准溶液（$c(\text{EDTA}) = 1.00\text{mol/L}$）相当的氧化镁的质量，mg）；

m_0——试样的质量，g。

允许误差：同一试样两次测定结果允许误差见下表。

含量/%		允许平均相对误差/%	允许绝对误差/%
CaO	≥0.50	20	—
	<0.50	—	0.06
MgO	≥0.20	20	—
	<0.20	—	0.04

学习任务 10　K_2O、Na_2O 含量的测定

学习目标：（1）掌握火焰光度计的原理及操作；

（2）掌握测定 Na_2O、K_2O 含量的方法。

方法提要：试样经酸分解后，过滤于 100mL 容量瓶中，稀释，摇匀，在火焰光度计上分别测量钾、钠发射光谱强度，自标准曲线中查出相应毫克数，计算试样中氧化钾和氧化钠的含量。

学习活动 1　试验准备

1. 仪器准备

火焰光度计、铂坩埚、马弗炉、容量瓶、电子天平、洗耳球、玻璃烧杯、滴定台、铁架台、量筒、锥形瓶、吸量管、电热板、恒温干燥箱。

2. 试剂和材料准备

（1）硫酸（1+1）：将密度为 1.84g/cm³ 的硫酸在不断搅拌下慢慢倒入等体积的水中（必要时应在冷水浴中进行）。

（2）氢氟酸：密度为 1.15g/cm³。

（3）氧化钾、氧化钠标准溶液：称取在 600℃ 灼烧过的基准氯化钾 0.1584g 和氯化钠 0.1886g 溶于 100mL 水中，移入 1L 容量瓶，以水稀释至刻度，摇匀。此溶液 1mL 相当于 0.1mg 氧化钾（K_2O）+0.1mg 氧化钠（Na_2O）。

学习活动 2　分析步骤

1. 标准曲线的绘制

以 10mL 滴定管准确分取氧化钾、氧化钠标准溶液 0，1，2，…，7mL 分别置于

100mL 容量瓶中，以水稀释至刻度，摇匀。在火焰光度计上分别测定各溶液氧化钾、氧化钠的发射光谱强度，并绘制标准曲线。

2. 试样的测定

准确称取 0.5000g 试样放入铂坩埚中，以少量水润湿，加硫酸（1+1）5mL 及氢氟酸 10mL，加热分解试样并蒸发至冒白烟，继续加热使白烟冒尽并在 600~700℃灼烧 5min，取出坩埚冷却。加水 20mL，以玻璃棒将坩埚中残渣捣碎，加热至沸，以慢速滤纸过滤，滤液以 100mL 容量瓶承接。以热水洗坩埚 3~4 次，洗沉淀 5~6 次，以水稀释至刻度，摇匀。在火焰光度计上分别测定氧化钾和氧化钠的发射光谱强度。

注意：滤液如有浑浊可以加数滴盐酸（1+1）使其澄清。

学习活动 3　结果分析

氧化钾含量（质量分数）$X_9(\%)$ 和氧化钠含量（质量分数）$X_{10}(\%)$ 的计算公式分别如下：

$$X_9 = \frac{m_1}{m_0 \times 1000} \times 100$$

$$X_{10} = \frac{m_2}{m_0 \times 1000} \times 100$$

式中　m_1——自标准曲线中查得的氧化钾的毫克数；

　　　m_2——自标准曲线中查得的氧化钠的毫克数；

　　　m_0——试样的质量，g。

允许误差：同一试样两次测定结果允许误差见下表。

	含量/%	允许平均相对误差/%	允许绝对误差/%
K₂O	≥0.50	20	—
	<0.50	—	0.06
Na₂O	≥0.20	20	—
	<0.20	—	0.04

学习任务 11　SO₃含量的测定

学习目标：（1）掌握燃烧法测定 SO₃含量的原理及操作；

　　　　　（2）学会仪器的连接及注意事项。

方法提要：试样在 1250~1300℃灼烧放出二氧化硫和部分三氧化硫，经过氧化氢吸收液吸收转为硫酸后，以氢氧化钠标准溶液进行滴定，根据氢氧化钠标准溶液消耗量，计算三氧化硫的含量：

$$SO_2 + H_2O \longrightarrow H_2SO_4$$

$$SO_3 + H_2O \longrightarrow H_2SO_4$$

$$H_2SO_4 + 2NaOH \longrightarrow Na_2SO_4 + 2H_2O$$

学习活动 1　试验准备

1. 仪器准备

依图 1-7 所示将仪器连接。

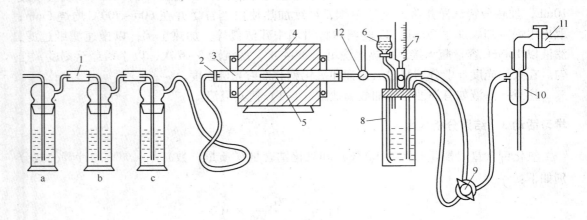

图 1-7　仪器连接示意图

1—洗气瓶（a 中 10%硫酸铜；b 中 5%高锰酸钾；c 中浓硫酸）；2—橡胶塞；3—燃烧管；4—燃烧炉；
5—瓷舟；6—分液漏斗；7—碱式滴定管；8—吸收瓶；9、12—三通活塞；10—抽气管；11—水龙头

（1）按管式炉规定的升温速度将炉温升至 1250℃。

（2）检查仪器各接头处是否漏气（如有漏气应重新装配或以石蜡封闭）。

（3）将瓷舟及燃烧管在 1000～1100℃预烧 1h，冷却备用。

（4）调节自来水的流量使洗气瓶中气泡速度达 300 个/min。

（5）从分液漏斗向吸收瓶中加入过氧化氢（1+9）20mL，0.1%甲基红指示剂 10 滴及 1mol/L 盐酸 1 滴，以水稀释至 100mL，将三通活塞转向水平直通状态，在抽气条件下，逐滴加入 0.05mol/L 氢氧化钠标准溶液，使溶液突变为黄色。

2. 试剂和材料准备

（1）10%硫酸铜：称量 15.625g $CuSO_4 \cdot 5H_2O$ 晶体，放入烧杯中，加入 84.375mL 水。

（2）5%高锰酸钾：称量 5g $KMnO_4$ 放入烧杯中，加入 95mL 水。

（3）浓硫酸。

（4）过氧化氢（1+9）：1 份 30%的过氧化氢与 9 份水混合。

（5）0.1%甲基红指示剂：0.1g 甲基红溶于 100mL 无水乙醇中。

（6）1mol/L 盐酸：84mL 密度为 1.19g/cm³ 的盐酸与 916mL 水混合。

（7）0.05mol/L 氢氧化钠标准溶液：2g 氢氧化钠溶于 300mL 水中，加热至近沸，加 10%氯化钡 2mL，煮沸使沉淀凝聚，取下冷却，以定性滤纸过滤并以除去二氧化碳的水稀释至 1L。

标定：称取在 105～1100℃烘过 2h 的苯二甲酸氢钾 0.2042g 于 250mL 烧杯中，按

0.15mol/L 氢氧化钠标准溶液的标定和计算步骤进行。

（8）苯二甲酸氢钾。

学习活动 2　分析步骤

准确称取 0.5000g 试样放入瓷舟中，在抽气的情况下将瓷舟用粗镍铬丝（或紫铜丝）送至管内最高温处（含硫化物的试样先送至管内低温处），迅速塞紧管端橡胶塞，待吸收液出现红色后以 0.05mol/L 氢氧化钠标准溶液进行滴定，至出现 1min 不变的黄色（含硫化物的试样当滴定至红色出现缓慢时，将瓷舟再送至管内最高温处继续滴定到 1min 不变的黄色）将三通活塞转向上支口与吸收瓶通路，以洗瓶将水由三通活塞上支口加入。冲洗管壁三次，再以氢氧化钠标准溶液滴定到出现 1min 不变的黄色为终点。将三通活塞再转向水平直通状态以备下一个试样的测定。

学习活动 3　结果分析

三氧化硫含量（质量分数）$X_{11}(\%)$ 按下式计算：

$$X_{11} = \frac{c \cdot V \times 49 \times 0.8163}{m_0 \times 1000} \times 100$$

式中　c——氢氧化钠标准溶液的浓度，mol/L；

　　V——滴定消耗氢氧化钠标准溶液的体积，mL；

　　m_0——试样的质量，g；

　　49——与 1.00mL 氢氧化钠标准溶液（$c(NaOH) = 1.00$mol/L）相当的硫酸的质量，mg；

0.8163——换算因数。

允许误差：同一试样两次测定结果允许误差见下表。

含量/%	允许平均相对误差/%	允许绝对误差/%
≥0.30	20	——
<0.30	——	0.03

学习任务 12　分光光度法测定 MnO_2 的含量

学习目标：（1）掌握分光光度计的原理及操作；

　　　　　　（2）掌握分光光度法测定 MnO_2 含量的方法。

方法提要：试液以硫酸驱赶氯离子后，在磷酸介质中以高碘酸钾将二价锰氧化为七价锰，用分光光度计于 520nm 波长处测定试液吸光度，自标准曲线中查出二氧化锰的毫克数，计算百分含量。

学习活动 1　试验准备

1. 仪器准备

分光光度计、比色槽、容量瓶、电子天平、洗耳球、玻璃烧杯、滴定台、铁架台、量筒、锥形瓶、吸量管、电热板、恒温干燥箱。

2. 试剂和材料准备

（1）氧化锰标准溶液：称取电解金属锰 0.3873g 溶于 100mL 3%硫酸中，冷至室温，移入 1L 容量瓶，以水稀释至刻度，摇匀。

准确吸取上述溶液 50mL 于 500mL 容量瓶中，以水稀释至刻度，摇匀。此溶液 1mL 相当于 0.05mg 二氧化锰（MnO_2）。

（2）硫酸（1+1）：将密度为 1.84g/cm^3 的硫酸在不断搅拌下慢慢倒入等体积的水中（必要时应在冷水浴中进行）。

（3）磷酸（1+1）：将密度为 1.69g/cm^3 的磷酸在不断搅拌下倒入等体积的水中。

（4）高碘酸钾。

学习活动 2　分析步骤

1. 标准曲线的绘制

以 10mL 滴定管准确分取二氧化锰标准溶液 0，1，2，…，8mL 分别置于 150mL 烧杯中，加硫酸（1+1）10mL 及磷酸（1+1）10mL，以水稀释至 80mL，加高碘酸钾 0.5g，煮沸 3min 并保温 10min，取下冷至室温，移入 100mL 容量瓶中以水稀释至刻度，摇匀，在分光光度计上于 520nm 波长处以 5cm 比色槽测定吸光度并绘制标准曲线。

2. 试样的测定

以移液管吸取溶液 A 或溶液 B 20mL 于 100mL 烧杯中，加硫酸（1+1）10mL 于通风橱内加热蒸发至冒白烟，取下冷却，以水冲洗杯壁并稀释至 40mL。以定性滤纸过滤，以水洗烧杯 3 次，洗沉淀 5~6 次，滤液以 150mL 烧杯承接，加磷酸（1+1）10mL 及高碘酸钾约 0.5g，以下按标准曲线绘制步骤进行。

注意：冒白烟后无沉淀析出可不进行过滤。

学习活动 3　结果分析

二氧化锰含量（质量分数）X_{12}(%) 按下式计算：

$$X_{12} = \frac{m}{m_0 \times 1000} \times 100$$

式中　m——自标准曲线中查得的二氧化锰的毫克数；

　　　m_0——试样的质量，g。

允许误差：同一试样两次测定结果允许误差见下表。

含量/%	允许平均相对误差/%	允许绝对误差/%
≥0.10	20	—
<0.10	—	0.02

学习任务 13　原子吸收光谱法测定 MnO₂的含量

学习目标：（1）掌握原子吸收光谱仪的原理及操作；

（2）掌握原子吸收光谱法测定 MnO_2 含量的方法。

方法提要：试样经硫酸、氢氟酸分解，加水溶解后干过滤，滤液与标准系列同在原子吸收光谱仪上测定吸收度，根据标准曲线查出的毫克数计算二氧化锰的百分含量。

学习活动 1　试验准备

1. 仪器准备

原子吸收光谱仪、容量瓶、电子天平、洗耳球、玻璃烧杯、滴定台、铁架台、量筒、锥形瓶、吸量管、电热板、恒温干燥箱。

2. 试剂和材料准备

（1）氧化锰标准溶液：称取电解金属锰 0.3873g 溶于 100mL 3% 硫酸中，冷至室温，移入 1L 容量瓶，以水稀释至刻度，摇匀。

准确吸取上述溶液 50mL 于 500mL 容量瓶中，以水稀释至刻度，摇匀。此溶液 1mL 相当于 0.05mg 二氧化锰（MnO_2）。

（2）硫酸（1+1）：将密度为 1.84g/cm³ 的硫酸在不断搅拌下慢慢倒入等体积的水中（必要时应在冷水浴中进行）。

（3）氢氟酸：密度为 1.15g/cm³。

学习活动 2　分析步骤

1. 标准曲线的绘制

以 10mL 滴定管准确分取二氧化锰标准溶液 0，1，2，…，10mL 于 50mL 容量瓶中，加硫酸（1+1）4mL，以水稀释至刻度，摇匀。在原子吸收光谱仪上按仪器说明书规定的技术条件调试仪器并分别测定吸收度，绘制标准曲线。

2. 试样的测定

准确称取 0.5000g 试样放于铂坩埚中，加硫酸（1+1）2mL，氢氟酸 5mL，将坩埚置于通风橱内加热分解试样至冒白烟。取下冷却，残渣以少量水加热溶解后移入 50mL 容量瓶中，加硫酸（1+1）4mL，以水稀释至刻度，摇匀，干过滤，滤液与标准系列一同在原子吸收光谱仪上测定吸收度。

学习活动 3　结果分析

二氧化锰含量（质量分数）$X_{13}(\%)$ 按下式计算：

$$X_{13} = \frac{m}{m_0 \times 1000} \times 100$$

式中　m——自标准曲线中查得的二氧化锰的毫克数；

　　m_0——试样的质量，g。

允许误差：同一试样两次测定结果允许误差见下表。

含量/%	允许平均相对误差/%	允许绝对误差/%
≥0.10	20	—
<0.10	—	0.02

学习任务 14　烧失量的测定

学习目标：（1）掌握测定烧失量的方法；

　　　　　　（2）掌握计算烧失量的方法。

方法提要：试样在 950~1000℃灼烧使结构水及有机物挥发，根据试样灼烧前后质量差值，计算烧失量的百分含量。

学习活动 1　试验准备

1. 仪器准备

马弗炉、瓷坩埚、容量瓶、电子天平、洗耳球、玻璃烧杯、滴定台、铁架台、量筒、锥形瓶、吸量管、电热板。

2. 试剂和材料准备

粉煤灰。

学习活动 2　分析步骤

准确称取 1.0000g 试样放入已恒重的瓷坩埚中，将坩埚放入马弗炉，自低温逐渐升至 950~1000℃并保温 1h，取出坩埚置于干燥器中冷至室温，称量。反复灼烧称至恒重。

学习活动 3　结果分析

烧失量含量（质量分数）X_{14}(%) 按下式计算：

$$X_{14} = \frac{m_1 - m_2}{m_0} \times 100$$

式中　m_1——灼烧前坩埚及试样的质量，g；

　　m_2——灼烧后坩埚及试样的质量，g；

　　m_0——试样的质量，g。

允许误差：同一试样两次测定结果允许绝对误差为 0.50%。

学习任务 15　Cu 含量的测定

学习目标：（1）掌握原子吸收光谱仪的原理及操作；

　　　　　　（2）掌握原子吸收光谱法测定 Cu 含量的方法。

方法提要： 试样经酸分解后，蒸至湿盐状，加适量水溶解，移入容量瓶进行干过滤，滤液与标准系列同在原子吸收光谱仪上测定吸收度。根据标准曲线查出铜的毫克数，计算百分含量。

学习活动 1　试验准备

1. 仪器准备

原子吸收光谱仪、容量瓶、电子天平、洗耳球、玻璃烧杯、滴定台、铁架台、量筒、锥形瓶、吸量管、电热板、恒温干燥箱。

2. 试剂和材料准备

（1）盐酸：密度为 1.19g/cm³。

（2）硝酸：密度为 1.4g/cm³。

（3）硝酸铜标准溶液：准确称取金属铜（99.9%）0.0100g 于 150mL 烧杯中加硝酸（1+1）10mL，加热溶解，冷却后移入 200mL 容量瓶中，以水稀释至刻度，摇匀。此溶液 1mL 相当于 0.05mg 铜（Cu）。

学习活动 2　分析步骤

1. 标准曲线的绘制

以 10mL 滴定管准确分取氧化锰标准溶液 0，1，2，…，8mL 于 50mL 容量瓶中，加硫酸（1+1）4mL，以水稀释至刻度，摇匀。在原子吸收光谱仪上按仪器说明书规定的技术条件调试仪器并分别测定吸收度，绘制标准曲线。

2. 试样的测定

准确称取 0.5000g 试样放入 200mL 烧杯中，以水润湿试样后加盐酸 15mL 加热分解，待硫化氢气体逸出后加硝酸 5mL，继续加热分解试样并蒸至湿盐状，取下烧杯，加 5mL 盐酸和 5mL 水，加热溶解盐类，移入 50mL 容量瓶后以水稀释至刻度，摇匀，进行干过滤。滤液与标准系列一同在原子吸收光谱仪上测定吸收度。

学习活动 3　结果分析

铜含量（质量分数）X_{15}(%) 按下式计算：

$$X_{15} = \frac{m}{m_0 \times 1000} \times 100$$

式中　m——自标准曲线查得的铜的毫克数；

　　m_0——试样的质量，g。

允许误差：同一试样两次测定结果允许相对误差不大于 20%。

学习情境 2　煤炭成分分析

学习任务 1　煤炭基础知识

学习目标：（1）了解煤炭的形成；

（2）掌握煤炭的物理化学性质；

（3）了解煤炭的用途。

学习活动 1　煤炭的形成

1. 煤炭形成原因

煤炭（图 2-1）是千百万年来植物的枝叶和根茎，在地面上堆积而成的一层极厚的黑色的腐殖质，由于地壳的变动不断地埋入地下，长期与空气隔绝，并在高温高压下，经过一系列复杂的物理化学变化等因素，形成的黑色可燃沉积岩，这就是煤炭的形成过程。一座煤矿的煤层厚薄与这地区的地壳下降速度及植物遗骸堆积的多少有关。地壳下降的速度快，植物遗骸堆积得厚，这座煤矿的煤层就厚，反之，地壳下降的速度缓慢，植物遗骸堆积得薄，这座煤矿的煤层就薄。由于地壳的构造运动使原来水平的煤层发生褶皱和断裂，有一些煤层埋到地下更深的地方，有的又被排挤到地表，甚至露出地面，比较容易被人们发现。还有一些煤层相对比较薄，而且面积也不大，所以没有开采价值。

图 2-1　煤炭

一座大的煤矿，煤层很厚，煤质很优，总的来说它的面积并不算很大，但如果是千百万年植物的枝叶和根茎自然堆积而成的，它的面积应当是很大的。因为在远古时期地球上到处都是森林和草原，因此，地下也应当到处有储存煤炭的痕迹；煤层也不一定很厚，因为植物的枝叶、根茎腐烂变成腐殖质，又会被植物吸收，如此反复，最终被埋入地下时也不会那么集中，土层与煤层的界限也不会划分得那么清楚。有关煤炭的形成至今尚未找到更新的说法，但是，不可否认的事实是，煤炭千真万确是植物的残骸经过一系统的演变形成的，这是颠扑不破的真理，只要仔细观察一下煤块，就可以看到有植物的叶和根茎的痕迹；如果把煤切成薄片放到显微镜下观察，就能发现非常清楚的植物组织和构造，而且有时在煤层里还保存着像树干一类的东西，有的煤层里还包裹着完整的昆虫化石。在地表常温、常压下，由堆积在停滞水体中的植物遗体经泥炭化作用或腐泥化作用，转变成泥炭或腐泥；泥炭或腐泥被埋藏后，由于盆地基底下降而沉至地下深部，经成岩作用而转变成褐煤；当温度和压力逐渐增高，再经变质作用转变成烟煤至无烟煤。泥炭化作用是指高等植物遗体在沼泽中堆积经生物化学变化转变成泥炭的过程。腐泥化作用是指低等生物遗体在沼泽中经生物化学变化转变成腐泥的过程。腐泥是一种富含水和沥青质的淤泥状物质。冰川过程可能有助于成煤植物遗体汇集和保存。

　　2. 煤炭的形成年代

　　在整个地质年代中，全球范围内有三个大的成煤期：

　　（1）古生代的石炭纪和二叠纪，成煤植物主要是孢子植物。主要煤种为烟煤和无烟煤。

　　（2）中生代的侏罗纪和白垩纪，成煤植物主要是裸子植物。主要煤种为褐煤和烟煤。

　　（3）新生代的第三纪，成煤植物主要是被子植物。主要煤种为褐煤，其次为泥炭，也有部分年轻烟煤。

学习活动 2　煤炭的物理化学性质

　　1. 煤的物理性质

　　煤的物理性质是煤的一定化学组成和分子结构的外部表现，是由成煤的原始物质及其聚积条件、转化过程、煤化程度、风化程度、氧化程度等因素所决定的，包括颜色、光泽、粉色、密度、硬度、脆度、断口及导电性等。其中，除了密度和导电性需要在实验室测定外，其他根据肉眼观察就可以确定。煤的物理性质可以作为初步评价煤质的依据，并用以研究煤的成因、变质机理和解决煤层对比等地质问题。

　　（1）颜色。指新鲜煤表面的自然色彩，是煤对不同波长的光波吸收的结果。呈褐色~黑色，一般随煤化程度的提高而逐渐加深。

　　（2）光泽。指煤的表面在普通光下的反光能力。一般呈沥青、玻璃和金刚光泽。煤化程度越高，光泽越强；矿物质含量越多，光泽越暗；风化程度、氧化程度越深，光泽越暗，直到完全消失。

　　（3）粉色。指将煤研成粉末的颜色或煤在抹上釉的瓷板上刻划时留下的痕迹的颜色，所以又称为条痕色。呈浅棕色~黑色。一般是煤化程度越高，粉色越深。

　　（4）密度。煤的密度是指单位体积煤的质量，单位为 g/cm^3 或 kg/cm^3。煤的密度有三种表示方法，煤的真密度、煤的视密度和煤的散密度。

煤的真密度是单个煤粒的质量与体积（不包括煤的孔隙的体积）之比。测定煤的真密度常用比重瓶法，以水作置换介质，将称量的煤样浸泡在水中，使水充满煤的孔隙，然后根据阿基米德原理进行计算。褐煤的真密度为 $1.30 \sim 1.4 \mathrm{g/cm}^3$，烟煤为 $1.27 \sim 1.33 \mathrm{g/cm}^3$，无烟煤为 $1.40 \sim 1.80 \mathrm{g/cm}^3$。

煤的视密度（又称煤的假密度）是单个煤粒的质量与外观体积（包括煤的孔隙）之比。测定煤的视密度常用涂蜡法和水银法。涂蜡法是在煤粒的外表面上涂一层薄蜡，封住煤粒的孔隙，使介质不能进入，将涂蜡的煤粒浸入水中，用天平称量，根据阿基米德原理进行计算。水银法是将煤粒直接浸入水银介质中，根据煤粒排出的水银体积计算煤的视密度。褐煤的视密度为 $1.05 \sim 1.30 \mathrm{g/cm}^3$，烟煤为 $1.15 \sim 1.50 \mathrm{g/cm}^3$，无烟煤为 $1.4 \sim 1.70 \mathrm{g/cm}^3$。

煤的散密度（又称煤的堆积密度）是装满容器的煤粒的质量与容器容积之比。煤的堆积密度是用一定容器直接测定的。煤的散密度一般为 $0.5 \sim 0.75 \mathrm{g/cm}^3$。

（5）硬度。指煤抵抗外来机械作用的能力。根据外来机械力作用方式的不同，可进一步将煤的硬度分为刻划硬度、压痕硬度和抗磨硬度三类。煤的硬度与煤化程度有关，褐煤和焦煤的硬度最小，约 $2 \sim 2.5$；无烟煤的硬度最大，接近 4。

（6）脆度。是煤受外力作用而破碎的程度。成煤的原始物质、煤岩成分、煤化程度等都对煤的脆度有影响。在不同变质程度的煤中，长焰煤和气煤的脆度较小，肥煤、焦煤和瘦煤的脆度最大，无烟煤的脆度最小。

（7）断口。是指煤受外力打击后形成的断面的形状。在煤中常见的断口有贝壳状断口、参差状断口等。煤的原始物质组成和煤化程度不同，断口形状各异。

（8）导电性。是指煤传导电流的能力，通常用电阻率来表示。褐煤电阻率低。褐煤向烟煤过渡时，电阻率剧增。烟煤是不良导体，随着煤化程度增高，电阻率减小，至无烟煤时急剧下降，而具有良好的导电性。

2. 煤炭化学组成

构成煤炭有机质的元素主要有碳、氢、氧、氮和硫等，此外，还有极少量的磷、氟、氯和砷等元素。

碳、氢、氧是煤炭有机质的主体，占 95% 以上；煤化程度越深，碳的含量越高，氢和氧的含量越低。碳和氢是煤炭燃烧过程中产生热量的元素，氧是助燃元素。煤炭燃烧时，氮不产生热量，在高温下转变成氮氧化合物和氨，以游离状态析出。硫、磷、氟、氯和砷等是煤炭中的有害成分，其中以硫最为重要。煤炭燃烧时绝大部分的硫被氧化成二氧化硫（SO_2），随烟气排放，污染大气，危害动、植物生长及人类健康，腐蚀金属设备；当含硫多的煤用于冶金炼焦时，还影响焦炭和钢铁的质量。因此，"硫分"含量是评价煤质的重要指标之一。

煤中的有机质在一定温度和条件下，受热分解后产生的可燃性气体，被称为"挥发分"，它是由各种碳氢化合物、氢气、一氧化碳等化合物组成的混合气体。挥发分也是主要的煤质指标，在确定煤炭的加工利用途径和工艺条件时，挥发分有重要的参考作用。煤化程度低的煤，挥发分较多。如果燃烧条件不适当，挥发分高的煤燃烧时易产生未燃尽的炭粒，俗称"黑烟"；并产生更多的一氧化碳、多环芳烃类、醛类等污染物，热效率降低。因此，要根据煤的挥发分选择适当的燃烧条件和设备。

煤中的无机物质含量很少，主要有水分和矿物质，它们的存在降低了煤的质量和利用价值。矿物质是煤炭的主要杂质，如硫化物、硫酸盐、碳酸盐等，其中大部分属于有害成分。

"水分"对煤炭的加工利用有很大影响。水分在燃烧时变成蒸汽要吸热，因而降低了煤的发热量。煤炭中的水分可分为外在水分和内在水分，一般以内在水分作为评定煤质的指标。煤化程度越低，煤的内部表面积越大，水分含量越高。

"灰分"是煤炭完全燃烧后剩下的固体残渣，是重要的煤质指标。灰分主要来自煤炭中不可燃烧的矿物质。矿物质燃烧灰化时要吸收热量，大量排渣要带走热量，因而灰分越高，煤炭燃烧的热效率越低；灰分越多，煤炭燃烧产生的灰渣越多，排放的飞灰也越多。一般，优质煤和洗精煤的灰分含量相对较低。

3. 煤的工艺性质

煤的工艺性质主要包括：黏结性和结焦性、发热量、化学反应性、热稳定性、透光率、机械强度和可选性等。

（1）黏结性和结焦性。黏结性是指煤在干馏过程中，由于煤中有机质分解，熔融而使煤粒能够相互黏结成块的性能。结焦性是指煤在干馏时能够结成焦炭的性能。煤的黏结性是结焦性的必要条件，结焦性好的煤必须具有良好的黏结性，但黏结性好的煤不一定能单独炼出质量好的焦炭。这就是为什么要进行配煤炼焦的道理。黏结性是进行煤的工业分类的主要指标，一般用煤中有机质受热分解、软化形成的胶质体的厚度来表示，常称胶质层厚度。胶质层越厚，黏结性越好。测定黏结性和结焦性的方法很多，除胶质层测定法外，还有罗加指数法、奥亚膨胀度试验等等。黏结性受煤化程度、煤岩成分、氧化程度和矿物质含量等多种因素的影响。煤化程度最高和最低的煤，一般都没有黏结性，胶质层厚度也很小。

（2）发热量。发热量是指单位重量的煤在完全燃烧时所产生的热量，亦称热值，常用 10^6 J/kg 表示。它是评价煤炭质量，尤其是评价动力用煤的重要指标。国际市场上动力用煤以热值计价。我国自 1985 年 6 月起，将沿用了几十年的以灰分计价改为以热值计价。发热量主要与煤中的可燃元素含量和煤化程度有关。为便于比较耗煤量，在工业生产中，常常将实际消耗的煤量折合成发热量为 2.930368×10^7 J/kg 的标准煤来进行计算。

（3）化学反应性。化学反应性又称活性，是指煤在一定温度下与二氧化碳、氧和水蒸气相互作用的反应能力。它是评价气化用煤和动力用煤的一项重要指标。反应性强弱直接影响到耗煤量和煤气的有效成分。煤的活性一般随煤化程度加深而减弱。

（4）热稳定性。热稳定性又称耐热性，是指煤在高温作用下保持原来粒度的性能。它是评价气化用煤和动力用煤的又一项重要指标。热稳定性的好坏，直接影响炉内能否正常生产以及煤的气化和燃烧效率。

（5）透光率。低煤化程度的煤（褐煤、长焰煤等）在规定条件下用硝酸与磷酸的混合液处理后，所得溶液对光的透过率称为透光率。随着煤化程度加深，透光率逐渐加大。因此，它是区别褐煤、长焰煤和气煤的重要指标。

（6）机械强度。机械强度是指块煤受外力作用而破碎的难易程度。机械强度低的煤投入气化炉时，容易碎成小块和粉末，影响气化炉正常操作。因此，气化用煤必须具备较高的机械强度。

（7）可选性。可选性是指煤通过洗选，除去其中的夹矸和矿物质的难易程度。

4. 煤的质量指标

煤的质量指标一般指煤的工业质量指标，包括水分、灰分、挥发分的测定和固定碳四项指标。

（1）水分。水分是指单位重量煤中水的含量。煤中的水分有外在水分、内在水分和结晶水三种存在状态。一般以煤的内在水分作为评定煤质的指标。煤化程度越低，煤的内部表面积越大，水分含量越高。

（2）灰分。灰分是指煤在规定条件下完全燃烧后剩下的固体残渣。它是煤中的矿物质经过氧化、分解而来。

灰分对煤的加工利用极为不利。在评价煤的工业用途时，必须分析灰成分，测定灰熔点。

（3）挥发分。挥发分是指煤中的有机物质受热分解产生的可燃性气体。它是对煤进行分类的主要指标，并被用来初步确定煤的加工利用性质。

煤的挥发分产率与煤化程度有密切关系，煤化程度越低，挥发分越高，随着煤化程度加深，挥发分逐渐降低。

（4）固定碳。测定煤的挥发分时，剩下的不挥发物称为焦渣，焦渣减去灰分称为固定碳。它是煤中不挥发的固体可燃物。焦渣的外观与煤中有机质的性质有密切关系，因此，根据焦渣的外观特征，可以定性地判断煤的黏结性和工业用途。

学习活动 3　煤炭的分类

1. 按煤的加工方法和质量规格分

按煤的加工方法和质量规格可分为原煤、精煤、粒级煤、洗选煤和低质煤五类。

（1）原煤。原煤是指从地上或地下采掘出的毛煤经筛选加工去掉矸石、黄铁矿等后的煤。煤矿生产出来的未经洗选、未经加工的毛煤也称为原煤。包括天然焦及劣质煤；不包括低热值煤等。

（2）精煤。精煤是指经过精选（干选或湿选）后生产出来的，符合质量要求的产品。

1 号精煤：硫分 0.4%；灰分 7%～8%，平均 7.6%；热值 26%～28%，平均 27.6%；

2 号精煤：硫分 0.5%；灰分 8%～10%，平均 9.6%；热值 26%～28%，平均 26.8%；

3 号精煤：硫分 0.6%；灰分 9%～16%，平均 13.6%；热值 24%～26%，平均 25.3%。

（3）粒级煤。粒级煤是指煤通过筛选或精选生产的，粒度下限大于 6mm，灰分小于或等于 40% 的煤。按不同的粒度可分为洗中块、中块、洗混中块、混中块、洗混块和混块、洗大块和大块、洗特大块和特大块、洗小块和小块、洗粒煤和粒煤。

（4）洗选煤。洗选煤是指将原煤经过洗选和筛选加工后，已除或减少原煤中所含的矸石、硫分等杂质，并按不同煤种、灰分、热值和粒度分成若干品种等级的煤。其粒度分级为 50mm、25mm、20mm、13mm 和 6mm 以下。洗选煤可分为洗原煤、洗混煤、混煤、洗混末煤、混末煤、洗末煤、末煤、洗粉煤、粉煤等品种。除洗混煤的灰分要求不大于 32% 外，其余均要求不大于 40%。

（5）低质煤。低质煤是指灰分含量很高的各种煤炭产品。低质煤用于锅炉燃烧，不仅经济性差，而且造成燃烧辅助系统和对流受热面的严重磨损以及维修费用的增加。

2. 按使用目的分

（1）动力煤。

1）发电用煤。中国约 1/3 以上的煤用来发电，目前平均发电耗煤为标准煤 370g/（kW·h）左右。电厂利用煤的热值，把热能转变为电能。

2）蒸汽机车用煤。蒸汽机车用煤占动力用煤的 2% 左右，蒸汽机车锅炉平均耗煤指标为 100kg/（万吨·km）左右。

3）建材用煤。建材用煤约占动力用煤的 10% 以上，以水泥用煤量最大，其次为玻璃、砖、瓦等。

4）一般工业锅炉用煤。除热电厂及大型供热锅炉外，一般企业及取暖用的工业锅炉型号繁多，数量大且分散，用煤量约占动力煤的 30%。

5）生活用煤。生活用煤的数量也较大，约占燃料用煤的 20%。

6）冶金用动力煤。冶金用动力煤主要为烧结和高炉喷吹用无烟煤，其用量不到动力用煤量的 1%。

（2）炼焦煤。中国虽然煤炭资源比较丰富，但炼焦煤资源还相对较少，炼焦煤储量仅占煤炭总储量的 27.65%。

炼焦煤包括气煤（占 13.75%）、肥煤（占 3.53%）、主焦煤（占 5.81%）、瘦煤（占 4.01%），其他为未分牌号的煤（占 0.55%）。

炼焦煤的主要用途是炼焦炭，焦炭由焦煤或混合煤高温冶炼而成，一般 1.3t 左右的焦煤才能炼 1t 焦炭。焦炭多用于炼钢，是目前钢铁行业的主要生产原料，被喻为钢铁工业的"基本食粮"。

3. 按煤化程度分

煤炭按照煤化程度可分为褐煤、长焰煤、不黏煤、弱黏煤、1/2 中黏煤、气煤、气肥煤、肥煤、1/3 焦煤、焦煤、瘦煤、贫瘦煤、贫煤和无烟煤。

（1）褐煤。褐煤是煤化程度最低的煤。其特点是水分高、密度小、挥发分高、不黏结、化学反应性强、热稳定性差、发热量低，高氧含量（约 15%~30%），含有不同数量的腐殖酸。多被用作燃料、气化或低温干馏的原料，也可用来提取褐煤蜡、腐殖酸，制造磺化煤或活性炭。一号褐煤还可以作农田、果园的有机肥料。其主要用于发电和气化。

（2）长焰煤。长焰煤是所有烟煤中煤化程度最低的。它的挥发分含量很高，没有或只有很小的黏结性，胶质层厚度不超过 5mm，易燃烧，燃烧时有很长的火焰，故得名长焰煤。主要用于发电、电站锅炉燃料等，也可作为气化和低温干馏的原料及民用和动力燃料。中国典型的长焰煤有辽宁的阜新煤和调兵山煤。

（3）不黏煤。不黏煤水分大，没有黏结性，加热时基本上不产生胶质体，燃烧时发热量较小，含有一定的次生腐殖酸。不黏煤由于早期煤化阶段曾被氧化过，所以它具有低发热量的特点，主要用于发电、气化和民用燃料等。不黏煤主要产于中国的西北部地区。

（4）弱黏煤。弱黏煤是煤化程度较低或中等煤化程度的煤，其黏结性很差，不能单独用于炼焦。由于其特殊的成因，弱黏煤具有较高的惰性组含量。典型的弱黏煤产于山西省大同市。

（5）1/2中黏煤。1/2中黏煤是过渡煤级的煤，具有中等黏结性和中高挥发分。可以作为配煤炼焦的原料，也可以作为气化用煤和动力燃料。在中国它只有很小一部分的储量和产量。其特征与一些气煤和弱黏煤类似。

（6）气煤。气煤具有挥发分高，胶质层较厚，热稳定性差的特点。能单独结焦，但炼出的焦炭细长易碎，收缩率大，且纵裂纹多，抗碎和耐磨性较差。故只能用作配煤炼焦，还可用来炼油、制造煤气、生产氮肥或作动力燃料。典型的气煤产于辽宁省。

（7）气肥煤。气肥煤的挥发分和黏结性都很高，结焦性介于气煤和肥煤之间，单独炼焦时能产生大量的气体和液体化学物质。最适合高温干馏制造煤气，更是配煤炼焦的好原料。气肥煤的显微组成与其他煤种有很大的差异，壳质组的含量相对较高。炼焦性能介于肥煤和气煤之间，单独炼焦时能产生大量的气体和液体化学产品。江西乐平和浙江长广煤田是我国气肥煤典型矿区。

（8）肥煤。肥煤具有很好的黏结性和中等及中高等挥发分，加热时能产生大量的胶质体，形成大于25mm的胶质层，结焦性最强。用这种煤来炼焦，可以炼出熔融性和耐磨性都很好的焦炭，但这种焦炭横裂纹多，且焦根部分常有蜂焦，易碎成小块。由于黏结性强，所以它是配煤炼焦中的主要成分。与其他煤级的煤相比，肥煤一般具有较高的硫含量。

（9）1/3焦煤。1/3焦煤是介于焦煤、肥煤和气煤之间的过渡煤，具有很强的黏结性和中高等挥发分，单独用来炼焦时，可以形成熔融性良好、强度较大的焦炭。因此，它是良好的配煤炼焦的基础煤。1/3焦煤由于其产量高而主要用于炼焦和发电。

（10）焦煤。焦煤具有中低等挥发分和中高等黏结性，加热时可形成稳定性很好的胶质体，单独用来炼焦，能形成结构致密、块度大、强度高、耐磨性好、裂纹少、不易破碎的焦炭。但因其膨胀压力大，易造成推焦困难，损坏炉体，故一般都作为炼焦配煤使用。由焦煤炼成的焦炭具有非常优良的性质，焦煤主要产于山西省和河北省。

（11）瘦煤。瘦煤具有较低挥发分和中等黏结性。单独炼焦时，能形成块度大、裂纹少、抗碎强度较好，但耐磨性较差的焦炭。因此，用它加入配煤炼焦，可以增加焦炭的块度和强度。

（12）贫瘦煤。贫瘦煤挥发分低，黏结性较弱，结焦性较差。单独炼焦时，生成的焦粉很多。但它能起到瘦化剂的作用，故可作炼焦配煤使用，同时，也是民用和动力的好燃料。河南省的鹤壁矿区就有典型的贫瘦煤。

（13）贫煤。贫煤具有一定的挥发分，加热时不产生胶质体，没有黏结性或只有微弱的黏结性，燃烧火焰短，炼焦时不结焦。主要用于动力和民用燃料。在缺乏瘦料的地区，也可充当配煤炼焦的瘦化剂。

（14）无烟煤。无烟煤是煤化程度最高的煤。挥发分低，密度大，硬度高，燃烧时烟少火苗短，火力强。通常作民用和动力燃料。质量好的无烟煤可作气化原料、高炉喷吹和烧结铁矿石的燃料，以及制造电石、电极和炭素材料等。

中国煤炭分类国家标准表如表 2-1 所示。

表 2-1　中国煤炭分类国家标准表

类　别	缩写	分 类 指 标					
		$V_{daf}/\%$	G	Y/mm	$b/\%$	$PM/\%$	$Q_{gr,maf}$
无烟煤	WY	≤10	—	—	—	—	—
贫煤	PM	>10.0~20.0	≤5	—	—	—	—
贫瘦煤	PS	>10.0~20.0	>5~20	—	—	—	—
瘦煤	SM	>10.0~20.0	>20~65	—	—	—	—
焦煤	JM	>20.0~28.0 >10.0~20.0	>50~60 >65	≤25.0	(≤150)	—	—
肥煤	FM	>10.0~37.0	(>85)	>25	—	—	—
1/3 焦煤	1/3JM	>28.0~37.0	>65	<25.0	(<220)	—	—
气肥煤	QF	>37.0	(>85)	>25.0	>220	—	—
气煤	QM	>28.0~37.0 >37.0	>50~65 >35	≤25.0	(≤220)	—	—
1/2 中黏煤	1/2ZN	>20.0~37.0	>30~50	—	—	—	—
弱黏煤	RN	>20.0~37.0	>5~30	—	—	—	—
不黏煤	BN	>20.0~37.0	≤5	—	—	—	—
长焰煤	CY	>37.0	≤35	—	—	>50	—
褐煤	HM	>37.0	—	—	—	≤30 >30~50	≤24

学习活动 4　煤的工业用途及质量指标

煤的工业用途非常广泛，归纳起来主要是冶金、化工和动力三个方面。同时，在炼油、医药、精密铸造和航空航天工业等领域也有广阔的利用前景。各工业部门对所用的煤都有特定的质量要求和技术标准。下面简要地做一下介绍。

1. 炼焦用煤

炼焦是将煤放在干馏炉中加热，随着温度的升高（最终达到 1000℃左右），煤中有机质逐渐分解，其中，挥发性物质呈气态或蒸汽状态逸出，成为煤气和煤焦油，残留下的不挥发性产物就是焦炭。焦炭在炼铁炉中起着还原、熔化矿石，提供热能和支撑炉料，保持炉料透气性能良好的作用。因此，炼焦用煤的质量要求，是以能得到机械强度高、块度均匀、灰分和硫分低的优质冶金焦为标准的。

2. 气化用煤

煤的气化是以氧、水、二氧化碳、氢等为气体介质，经过热化学处理过程，把煤转变为各种用途的煤气。煤气化所得的气体产物可作工业和民用燃料以及化工合成原料。

常用的制气方法有两种：

（1）固定床气化法。目前，国内主要用无烟煤和焦炭作气化原料，制造合成氨原料气。要求作为原料煤的固定碳>80%；灰分（A^g）<25%；硫分（S_Q^g）≤2%；要求粒度要均匀，为 25~75mm，或 19~50mm，或 13~25mm；机械强度>65%；热稳定性 S_{+13}>60%；灰熔点（T_2）>1250℃；挥发分不高于 9%；化学反应性愈强愈好。

（2）沸腾层气化法。对原料煤的质量要求是：化学反应性要大于 60%，不黏结或弱黏结，灰分（A^g）<25%，硫分（S_Q^g）<2%，水分（W_Q）<10%，灰熔点（T_2）>1200℃，粒度<10mm，主要使用褐煤、长焰煤和弱黏煤等。

3. 炼油用煤

一般以褐煤、长焰煤为主，弱黏煤和气煤也可以使用，其要求取决于炼油方法。

（1）低温干馏法。该法是将煤置于 550℃ 左右的温度下进行干馏，以制取低温焦油，同时还可以得到半焦和低温焦炉煤气。煤种为褐煤、长焰煤、不黏煤或弱黏煤、气煤。对原料煤的质量要求是：焦油产率（T_f）>7%，胶质层厚度<9mm，热稳定性 S_{+13}>40%，粒度 6~13mm，最好为 20~80mm。

（2）加氢液化法。该法是将煤、催化剂和重油混合在一起，在高温高压下使煤中有机质破坏，与氢作用转化成低分子液态或气态产物，进一步加工可得到汽油、柴油等燃料。原料煤主要为褐煤、长焰煤及气煤。要求煤的碳氢化（C/H）<16，挥发分>35%，灰分（A^g）<5%，煤岩的丝炭含量<2%。

4. 燃料用煤

任何一种煤都可以作为工业和民用的燃料。不同工业部门对燃料用煤的质量要求不一样。蒸汽机车用煤要求较高，国家规定是：挥发分（V^r）≥20%，灰分（A^g）≤24%，灰熔点（T_2）≥1200℃，硫分（S_Q^g）长隧道及隧道群区段 ≤1%，低位发热量 $2.09312×10^7$ ~ $2.51174×10^7$ J/kg。发电厂一般应尽量用灰分（A^g）>30%的劣质煤，少数大型锅炉可用灰分（A^g）= 20%左右的煤。为了将优质煤用于发展冶金和化学工业，近年来，我国在开展低热值煤的应用方面取得了较快的进展，不少发热量仅有 8372.5J/kg 左右的劣质煤和煤矸石也能用于一般工厂，有的发电厂已掺烧煤矸石达 30%。

5. 煤的其他用途

煤的其他用途还很多，如褐煤和氧化煤可以生产腐殖酸类肥料；从褐煤中可以提取褐煤蜡供电气、印刷、精密铸造、化工等部门使用；用优质无烟煤可以制造碳化硅、碳粒砂、人造刚玉、人造石墨、电极、电石和供高炉喷吹或作铸造燃料；用煤沥青制成的炭素纤维，其抗拉强度比钢材大千倍，且重量轻、耐高温，是发展太空技术的重要材料；用煤沥青还可以制成针状焦，生产新型的电炉电极，可提高电炉炼钢的生产效率等等。

总之，随着现代科学技术的不断进步，煤炭的综合利用技术也在迅速发展，煤炭的综合利用领域必将继续扩大。

学习活动 5　煤炭资源分布

1. 世界煤炭资源

国际上通常把煤炭储量分为预测储量、探明储量和可采储量三类。预测储量是根据地质理论和已获得的地质资料计算得出的储量；探明储量是经过详细勘测，可用现有技术开采的煤量；可采储量是可从探明储量中开采出来的煤量。中国的探明储量则是指经过勘探工作计算出来的全部煤量，其中大部分是勘探程度很低的储量。中国的精查储量大体上相当于国际上的探明储量，约占全国探明储量的 30%。

据世界能源会议统计，世界已探明可采煤炭储量共计 15980 亿吨。其中主要分布在俄罗斯、美国、中国、澳大利亚、德国、印度、南非、波兰、印度尼西亚、加拿大等国家。世界煤炭探明储量中，石炭纪占 41.3%，二叠纪占 9.9%、白垩纪占 16.8%、侏罗纪占 8.1%、第三纪占 23.6%。

世界煤炭储量十分丰富，居各能源之首，约占各种能源总储量的 90%，按目前规模可持续开采 300 年左右。地球上含煤层的面积约占陆地面积的 15%，全球含煤地层煤炭密度每平方公里地质储量为 200 万吨。按已探明的储量来看，世界煤炭资源的储量、密度，北半球高于南半球，特别是高度集中在亚洲、北美洲和欧洲的中纬度地带，合占世界煤炭资源的 96%，形成两大煤炭蕴藏带：一是亚欧大陆煤田带，东起我国东北、华北煤田延伸到俄罗斯的库茨巴斯、伯绍拉，哈萨克斯坦的卡拉干达和乌克兰的顿巴斯煤田，波兰和捷克的西里西亚，德国的鲁尔区，再向西越海到英国中部；二是北美洲的中部。而南半球含煤率低，仅澳大利亚、南非和博茨瓦纳发现有较大煤田。目前，世界上已有 80 多个国家发现煤炭资源，共有大小煤田 2370 多个。按硬煤经济可采储量计，以中国（占 11%）、美国（占 23.1%）和俄罗斯最为丰富，次为印度、南非、澳大利亚、波兰、乌克兰、德国，9 国共占 90%。

2. 中国煤炭资源的现状及特点

煤炭是中国储量最多、分布最广的不可再生的战略资源。根据全国第三次煤炭资源预测与评价，中国煤炭资源总量约 5.57 万亿吨，居世界第一。

中国煤炭资源分布广泛，含煤面积约 60 多万平方公里，约占国土面积的 6%。全国 34 个省级行政区，除上海市外都有不同质量和数量的煤炭资源，如表 2-2 所示。从地理上看，主要分布在北部和中西部，其中，秦岭—大别山以北的煤炭资源量约占全国的 90%，且集中分布在山西、陕西和内蒙古。

表 2-2　中国煤炭储量分布（不包括香港、澳门和台湾）　　　　　　（亿吨）

省、自治区、直辖市	预测资源量	褐煤	低变质烟煤	气煤	肥煤	焦煤	瘦煤	贫煤	无烟煤
北京	86.72	—	—	—	—	—	—	—	86.72
天津	44.52	—	—	44.52	—	—	—	—	—

省、自治区、直辖市	预测资源量	褐煤	低变质烟煤	气煤	肥煤	焦煤	瘦煤	贫煤	无烟煤
河北	601.39	9.98	7.24	508.44	30.19	—		—	45.54
山西	3899.18	12.68	53.85	70.42	343.90	508.02	301.89	589.79	2018.6
内蒙古	12250.4	1753.40	9004.0	1079.4	11.02	364.18	0.23	23.96	8.15
辽宁	59.27	6.04	25.35	7.52	1.05	1.63	—	2.15	15.53
吉林	30.03	7.46	11.06	3.68	0.48	0.71	1.88	1.96	2.80
黑龙江	176.13	44.49	8.53	83.33	—	37.65	0.55	1.58	
上海									
江苏	50.49	—	—	34.71	1.57	6.90	2.022	3.45	1.84
浙江	0.44		—		0.44	—			
安徽	611.59	—	0.66	370.42	35.00	154.37	33.69	3.56	13.89
福建	25.57						0.09		25.48
江西	40.84	—	0.38	1.60	0.83	6.09	2.35	5.52	24.07
山东	405.13	24.67	3.23	220.68	76.50	5.64	—	27.66	46.75
河南	919.71	8.82	3.75	86.11	19.20	163.77	87.94	109.29	440.83
湖北	2.04							0.49	1.55
湖南	45.35	—	0.15	1.27	2.28	2.06	1.31	1.65	36.63
广东	9.11	0.41			0.06	0.07	—	0.74	7.83
广西	17.64	1.69	1.44		—		0.44	5.46	8.61
海南	0.01	0.01							
四川	303.79	14.30	—	4.90	5.71	75.46	55.38	14.78	133.26
贵州	1896.90	—		5.22	41.40	319.57	133.97	247.27	1149.4
云南	437.87	19.11	0.67	6.22	3.58	124.00	31.17	125.48	127.64
西藏	8.09	—	0.08	0.08	0.20	0.13	0.14	0.03	7.43
陕西	2031.10	—	523.79	800.15	115.89	111.49	64.45	94.53	320.80
甘肃	1428.87	—	242.49	1172.9	1.63	—	5.72	4.83	1.21
宁夏	1721.11	—	1264.83	84.31	20.73	17.75	24.79	123.52	185.18
青海	380.42	—	143.60	51.86	7.85	33.00	30.34	81.18	32.59
新疆	18037.3	—	12920	4754.5	312.60	24.80	25.40	—	—
全国	45521.0	1903.06	24215.1	9392.3	1032.1	1957.2	803.75	1468.88	4742.4

中国煤炭主要具有以下特点：

（1）煤炭资源丰富，但人均占有量低。中国煤炭资源虽丰富，但勘探程度较低，经济可采储量较少。所谓经济开采储量是指经过勘探可供建井，并且扣除了回采损失及经济上无利和难以开采出来的储量后，实际上能开采并加以利用的储量。在目前经勘探证实的储量中，精查储量仅占 30%，而且大部分已经开发利用，煤炭后备储量相当紧张。中国人口众多，煤炭资源的人均占有量约为 234.4t，而世界人均的煤炭资源占有量为 312.7t，美国人均占有量更高达 1045t，远高于中国的人均水平。

（2）煤炭资源的地理分布极不平衡。中国煤炭资源北多南少，西多东少，煤炭资源的分布与消费区分布极不协调。从各大行政区内部看，煤炭资源分布也不平衡，如华东地区的煤炭资源储量的 87% 集中在安徽、山东，而工业主要在以上海为中心的长江三角洲地区；中南地区煤炭资源的 72% 集中在河南，而工业主要在武汉和珠江三角洲地区；西南煤炭资源的 67% 集中在贵州，而工业主要在四川；东北地区相对好一些，但也有 52% 的煤炭资源集中在北部黑龙江，而工业集中在辽宁。

（3）各地区煤炭品种和质量变化较大，分布也不理想。中国炼焦煤在地区上分布不平衡，四种主要炼焦煤种中，瘦煤、焦煤、肥煤有一半左右集中在山西，而拥有大型钢铁企业的华东、中南、东北地区，炼焦煤很少。在东北地区，钢铁工业在辽宁，炼焦煤大多在黑龙江；西南地区，钢铁工业在四川，而炼焦煤主要集中在贵州。

（4）适于露天开采的储量少。露天开采效率高，投资省，建设周期短，但中国适于露天开采的煤炭储量少，仅占总储量的 7% 左右，其中 70% 是褐煤，主要分布在内蒙古、新疆和云南。

学习任务 2　煤的水分及其测定

学习目标：（1）掌握煤中水分的测定意义；
　　　　　　（2）掌握煤中全水分的测定方法和测定步骤；
　　　　　　（3）掌握空气干燥煤样水分的测定方法和步骤；
　　　　　　（4）提高试验操作水平及操作的熟练程度。

学习活动 1　任务分析

水分是一项重要的煤质指标。它在煤的基础理论研究和加工利用中都具有重要的作用，又是基准换算的基础数据。全水分更是商品煤计量不可缺少的重要指标。

煤中的水分是煤炭的组成部分。煤中水分随煤的变质程度不同发生变化。泥炭水分最大（可达 40%~50%），褐煤次之（约 10%~40%），烟煤较低，到无烟煤又有增加的趋势。

煤中水分按结合状态分为游离水和化合水（结晶水）两类。游离水是以物理吸附或附着方式与煤结合的；化合水是以化合的方式同煤中矿物质结合的水，也称为结晶水，它是矿物晶格的一部分，如硫酸钙（$CaSO_4 \cdot 2H_2O$）、高岭土（$Al_2O_3 \cdot 2SiO_2 \cdot 2H_2O$）中的结晶水。

煤的工业分析只测定游离水。游离水按其赋存状态又分为外在水分和内在水分。煤的外在水分是指吸附在煤颗粒表面或非毛细孔中的水分，在实际测定中是煤样达到空气干燥状态所失去的那部分水。煤的内在水分是指吸附或凝聚在煤粒内部毛细孔中的水分。在实际测定中是指煤样达到空气干燥状态时保留下来的那部分水。

煤质分析中测定的水分主要有全水分、空气干燥煤样水分。

收到煤样的全水分是指使用单位收到或即将投入使用状态下煤的水分，称为收到基水分，以符号 M_{ar} 表示。

空气干燥煤样水分是指在一定条件下，空气干燥煤样在实验室中与周围空气湿度达到大致平衡时所含的水分，以符号 M_{ad} 表示。

煤中水分用间接测定法，即将已知质量的煤样放在一定温度下干燥至恒重，以煤样水分蒸发后的质量损失计算煤的水分。

学习活动 2　试验准备

1. 试样准备

（1）煤样：粒度小于 13mm 的全水分煤样，煤样不少于 3kg；粒度小于 6mm 的煤样，煤样不少于 1.25kg。

（2）煤样的制备：

粒度小于 13mm 的全水分煤样按照 GB 474—2008 的规定制备。

粒度小于 6mm 的全水分煤样，用破碎过程中水分无明显损失的破碎机将全水分煤样一次破碎到粒度小于 6mm，用二分器迅速缩分出不少于 1.25kg 煤样，装入密封容器中。

（3）测定全水分前，应先检查煤样容器的密封情况。然后将其表面擦拭干净，用工业天平称准到总质量的 0.1%，并与容器标签所注明的总质量进行核对。如果称出的总质量小于标签上注明的总质量（不超过 1%），并且能确定煤样在运送过程中没有损失时，应将减少的质量作为煤样在运送过程中的水分损失量，并计算出该量对煤样质量的百分数（ M_1 ），计入煤样全水分。

（4）称取煤样前，应将密闭容器中的煤样充分混合至少 1min。

2. 试剂和材料准备

氮气：纯度 99.9%以上，含氧量小于 0.01%。

无水氯化钙：化学纯，粒状。

变色硅胶：工业用品。

3. 仪器设备（方法 A 和方法 B）

（1）空气干燥箱：带有自动控温和鼓风装置，能控制温度在 30~40℃ 和 105~110℃ 范围内，有气体进、出口，有足够的换气量，如每小时可换气 5 次以上。

（2）通氮干燥箱：带有自动控温装置，能保持温度在 105~110℃ 范围内，可容纳适量的称量瓶，且具有较小的自由空间，有氮气进、出口，每小时可换气 15 次以上。

（3）玻璃称量瓶：直径 70mm，高 35~40mm，并带有严密的磨口盖。

（4）浅盘：由镀锌铁板或铝板等耐热、耐腐蚀材料制成，其规格应能容纳 500g 煤样，且单位面积负荷不超过 1g/cm^2。

　　(5) 分析天平：感量 0.0001g。

　　(6) 工业天平：感量 0.1g。

　　(7) 流量计：测量范围 100~1000mL/min。

　　(8) 干燥器：内装变色硅胶或粒状无水氯化钙。

　　(9) 干燥塔：容量 250mL，内装变色硅胶或粒状无水氯化钙。

学习活动 3　分析步骤

　　1. 方法 A（两步法）

　　(1) 外在水分（方法 A1 和 A2，空气干燥法）。在预先干燥和已称量过的浅盘内迅速称取粒度小于 13mm 的煤样（500±10）g（称准至 0.1g），平摊在浅盘中，于环境温度或不高于 40℃ 的空气干燥箱中干燥到质量恒定（连续干燥 1h，质量变化不超过 0.5g），记录恒定后的质量（称准至 0.1g）。对于使用空气干燥箱干燥的情况，称量前需使煤样在试验室环境中重新达到湿度平衡。

　　(2) 内在水分（方法 A1，通氮干燥法）。立即将测定外在水分后的煤样破碎到粒度小于 3mm，在预先干燥和已称过的称量瓶内迅速称取（10±1）g 煤样（称准至 0.001g），平摊在称量瓶中。打开称量瓶盖，放入预先通入干燥氮气并已加热到 105~110℃ 的通氮干燥箱中，氮气每小时换气 15 次以上。烟煤干燥 1.5h，褐煤和无烟煤干燥 2h。从干燥箱中取出称量瓶，立即盖上盖，在空气中放置约 5min，然后放入干燥器中，冷却到室温（约 20min），称量（称准至 0.001g）。进行检查性干燥，每次 30min，直到连续两次干燥煤样的质量减少不超过 0.01g 或质量增加时为止。在后一种情况下，采用质量增加前一次的质量作为计算依据。内在水分在 2% 以下时，不必进行检查性干燥。

　　(3) 内在水分（方法 A2，空气干燥法）。除将通氮干燥箱改为空气干燥箱外，其他操作步骤与通氮干燥法相同。

　　2. 方法 B（一步法）

　　(1) 方法 B1（通氮干燥法）。在预先干燥和已称量过的称量瓶内迅速称取粒度小于 6mm 的煤样 10~12g（称准至 0.001g），平摊在称量瓶中。打开称量瓶盖，放入预先通入干燥氮气并已加热到 105~110℃ 的通氮干燥箱中，烟煤干燥 2h，褐煤和无烟煤干燥 3h。从干燥箱中取出称量瓶，立即盖上盖，在空气中放置约 5min，然后放入干燥器中，冷却到室温（约 20min），称量（称准至 0.001g）。进行检查性干燥，每次 30min，直到连续两次干燥煤样质量的减少不超过 0.01g 或质量有所增加为止。在后一种情况下，应采用质量增加前一次的质量作为计算依据。水分小于 2% 时，不必进行检查性干燥。

　　(2) 方法 B2（空气干燥法）。

　　1) 粒度小于 13mm 煤样的全水分测定。在预先干燥和已称量过的浅盘内迅速称取粒度小于 13mm 的煤样（500±10）g（称准至 0.1g），平摊在浅盘中。将浅盘放入预先加热到 105~110℃ 的空气干燥箱中，在鼓风条件下，烟煤干燥 2h，无烟煤干燥 3h。将浅盘取出，趁热称量（称准至 0.1g）。进行检查性干燥，每次 30min，直到连续两次干燥煤样的质量减少不超过 0.5g 或质量增加时为止。在后一种情况下，采用质量增加前一次的质量作为计算依据。

2）粒度小于 6mm 煤样的全水分测定。除将通氮干燥箱改为空气干燥箱外，其他操作按方法 B1。

学习活动 4　结果分析

1. 方法 A

（1）计算外在水分：

$$M_f = \frac{m_1}{m} \times 100$$

式中　M_f——煤样的外在水分（用质量分数表示），%；

　　　m——称取的粒度小于 13mm 煤样的质量，g；

　　　m_1——煤样干燥后的质量损失，g。

（2）计算内在水分（方法 A1、A2）：

$$M_{inh} = \frac{m_3}{m_2} \times 100$$

式中　M_{inh}——煤样的内在水分（用质量分数表示），%；

　　　m_2——称取的煤样质量，g；

　　　m_3——煤样干燥后的质量损失，g。

（3）计算煤中全水分：

$$M_t = M_f + \frac{100 - M_f}{100} \times M_{inh}$$

式中　M_t——煤样的全水分（用质量分数表示），%；

　　　M_f——煤样的外在水分（用质量分数表示），%；

　　　M_{inh}——煤样的内在水分（用质量分数表示），%。

2. 方法 B

全水分测定结果按下式计算：

$$M_t = \frac{m_1}{m} \times 100$$

式中　M_t——煤样的全水分（用质量分数表示），%；

　　　m——煤样的质量，g；

　　　m_1——干燥后煤样减少的质量，g。

两次重复测定结果的差值不得超过下表的规定。

全水分(M_t)/%	<10	≥10
重复性/%	0.4	0.5

学习任务 3　缓慢灰分法测定煤中灰分

学习目标： （1）了解煤中灰分的来源及存在的形式；

（2）掌握煤中灰分的测定方法和测定步骤；

（3）掌握灰分的计算及数据整理；

（4）提高试验操作水平及操作的熟练程度。

方法提要： 称一定量的空气干燥煤样，放入马弗炉或快灰仪中，以一定的速度加热到 (815 ± 10)℃，灰化并灼烧到质量恒定，以残留物的质量占煤样质量的百分数作为灰分产率。

学习活动 1　灰分测定概述

1. 煤中灰分

煤中的灰分是指燃烧后剩余的不可燃矿物质。它可分为内在灰分（固有灰分）和外来灰分两部分。

内在灰分是生成煤的植物中的不可燃矿物质，以及在煤的生成过程中进入的不可燃矿物质。内在灰分含量较少，在煤中的分布也较均匀，有时呈层状分布。

外来灰分是在煤开采、储运过程中进入的不可燃矿物质。在煤中的分布很不均匀，含量也受自然条件影响。

灰分是煤中的有害杂质，含量在 5% ~ 40% 之间。煤中灰分含量高，可燃成分相对降低，发热量减小，且影响煤的着火与燃烧，使燃烧效率下降。

2. 测定意义

灰分是降低煤炭质量的物质，在煤炭加工利用的各种场合下都带来有害的影响，因此，测定煤中灰分在对于正确评价煤的质量和加工利用方面都有重要意义，主要有以下几方面的作用：

（1）灰分是煤炭贸易计价的主要指标。

（2）在煤炭洗选工艺中，灰分作为评定精煤质量和洗选效率的指标。

（3）在炼焦工业中，灰分是评价焦炭质量的重要指标。

（4）锅炉燃烧中，根据灰分计算热效率，考虑排渣量等。

（5）在煤质研究中，根据灰分可以大致计算同一矿井煤的发热量和矿物质等。

学习活动 2　仪器设备

（1）马弗炉：能保持温度为 (815 ± 10)℃，炉膛有足够的恒温区，炉后壁的上部带有直径为 25 ~ 30mm 的烟囱，下部离炉膛底 20 ~ 30mm 处有一个插热电偶的小孔。炉门上有一个直径为 20mm 的通气孔。马弗炉的恒温区应在关闭炉门下测定，并至少每年测定一次。高温计（包括毫伏计和热电偶）至少每年校准一次。

（2）分析天平：感量 0.0001g。

（3）干燥器。

（4）耐热瓷板和石棉板。

（5）灰皿（图 2-2）：瓷质，长方形，底面长 45mm，宽 22mm，高 14mm。

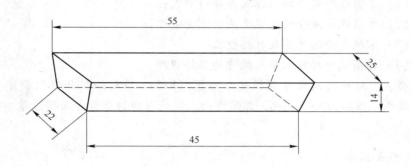

图 2-2　灰皿

学习活动 3　分析步骤

用预先灼烧至质量恒定的灰皿，称取粒度为 0.2mm 以下的空气干燥煤样（1±0.1）g，精确至 0.0002g，均匀地摊平在灰皿中，使其每平方厘米的质量不超过 0.15g。

将灰皿送入温度不超过 100℃ 的马弗炉中，关上炉门并使炉门留有 15mm 左右的缝隙。在不少于 30min 的时间内将炉温缓慢升至约 500℃，并在此温度下保持 30min。继续升到（815±10）℃，并在此温度下灼烧 1h。

从炉中取出灰皿，放在耐热瓷板或石棉板上，在空气中冷却 5min 左右，移入干燥器中冷却至室温（约 20min）后，称量。

进行检查性灼烧，每次 20min，直到连续两次灼烧的质量变化不超过 0.001g 为止。用最后一次灼烧后的质量为计算依据。灰分低于 15% 时，不必进行检查性灼烧。

学习活动 4　结果分析

空气干燥煤样的灰分产率（质量分数）计算：

$$A_{ad} = \frac{m_1}{m} \times 100$$

式中　A_{ad}——空气干燥煤样的灰分产率，%；

　　　　m_1——残留物的质量，g；

　　　　m——一般分析试验煤样的质量，g。

灰分测定的重复性和再现性见下表。

灰分质量分数/%	<15.00	15.00~30.00	>30.00
重复性/%	0.20	0.30	0.50
再现性/%	0.30	0.50	0.70

学习任务 4　快速灰分法测定煤中灰分

学习目标：(1) 了解煤中灰分的来源及存在的形式；

　　　　　　(2) 掌握煤中灰分的测定方法和测定步骤；

　　　　　　(3) 掌握灰分的计算及数据整理；

　　　　　　(4) 提高试验操作水平及操作的熟练程度。

方法提要：将装有煤样的灰皿放在预先加热至 (815±10)℃ 的灰分快速测定仪的传送带上，煤样自动送入仪器内完全灰化，然后送出。以残留物的质量占煤样质量的百分数作为灰分产率。

学习活动 1　仪器设备

快速灰分测定仪用于测量煤及其他固体燃料中灰分的快速测定，其构造如图 2-3 所示。

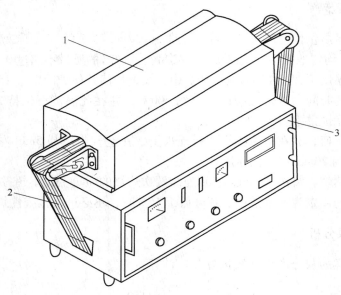

图 2-3　快速灰分测定仪

1—管式电炉；2—传送带；3—控制仪

学习活动 2　分析步骤

(1) 用预先灼烧至质量恒定的灰皿，称取粒度为 0.2mm 以下的空气干燥煤样 (1±0.1) g，精确至 0.0002g，均匀地摊平在灰皿中，使其每平方厘米的质量不超过 0.15g。盛有煤样的灰皿预先分排放在耐热瓷板或石棉板上。

(2) 将马弗炉加热到 850℃，打开炉门，将放有灰皿的耐热瓷板或石棉板缓慢地推入马弗炉中，先使第一排灰皿中的煤样灰化。待 5~10min 后，煤样不再冒烟时，以每分钟不大于 2mm 的速度把二、三、四排灰皿顺序推入炉内炽热部分（若煤样着火发生爆燃，试验应作废）。

（3）关上炉门，在（815±10）℃的温度下灼烧 40min。

（4）从炉中取出灰皿，放在空气中冷却 5min 左右，移入干燥器中冷却至室温（约 20min）后，称量。

学习活动 3　结果分析

空气干燥煤样的灰分产率（质量分数）计算：

$$A_{ad} = \frac{m_1}{m} \times 100$$

式中　A_{ad}——空气干燥煤样的灰分产率，%；

m_1——残留物的质量，g；

m———般分析试验煤样的质量，g。

灰分测定的重复性和再现性见下表。

灰分质量分数/%	<15.00	15.00~30.00	>30.00
重复性/%	0.20	0.30	0.50
再现性/%	0.30	0.50	0.70

学习活动 4　注意事项

（1）影响灰分测定结果的主要因素有三个：一是黄铁矿氧化程度；二是碳酸盐（主要是方解石）分解程度；三是灰中固定下来的硫的多少。为了获得可靠的灰分测定结果必须做到：

1）灰化温度保证达到 815℃，时间必须长达 1h，这样才能保证碳酸盐完全分解及二氧化碳完全驱除。

2）煤中黄铁矿和有机硫在 500℃ 以前就基本上完全氧化，而碳酸钙从 500℃ 开始分解，到 800℃ 完全分解。缓慢灰化法采用分段升温，即在 500℃ 停留 30min 就可以使硫化铁和有机硫充分氧化并有足够的时间排除，避免生成硫酸钙。炉温升到（815±10）℃并保持 1h 就能使碳酸钙完全分解。

3）灰化过程中应始终保持良好的通风状态，使硫氧化物一经生成就及时排出。因此要求马弗炉装烟囱，在炉门上有通风眼，灰化时炉门开启 15mm 小缝，以使炉内空气可自然流通。

4）瓷灰皿应按要求尺寸，煤样质量为（1±0.1）g，均匀、摊平在灰皿中，使其每平方厘米的质量不超过 0.15g。如果局部过厚，一方面会燃烧不完全，另一方面底部煤样中硫化物生成的二氧化硫不能释放出来，会被上部碳酸盐分解生成的氧化钙固定，使测值偏高。

（2）管式炉快速灰化法使用轴向倾斜 5° 的马蹄形管式炉，中央段温度为（815±10）℃，两端有 500℃ 恒温区，煤样从高的一端进入至 500℃ 温度区时，其中硫被氧化而生成硫氧化物即由入口端逸出，而不会与已达到（815±10）℃区的煤样中的碳酸钙分解生成的氧化钙接触，从而可避免硫被固定在灰中。

（3）通常快速灰化法结果高于缓慢灰化法，因此，快速灰化法更适合于含硫和含钙低的煤的灰分产率的测定。

（4）选煤厂生产检查快速灰化法仅适用于选煤厂内部使用，要求每季与缓慢灰化法进行对比试验，用数理统计方法找出可能存在的系统偏差，必要时可进行校正。测定结果需换算成干燥基灰分再报出，空气干燥煤样的水分可按季测定，日常可采用经验值。

学习任务 5　煤的挥发分的测定

学习目标：（1）掌握挥发分的测定方法；
　　　　　　（2）了解挥发分测定时所需仪器和设备；
　　　　　　（3）掌握挥发分测定的步骤；
　　　　　　（4）了解挥发分测定后所剩焦渣的特征；
　　　　　　（5）正确对测定结果进行计算。

方法提要： 称取一定量的空气干燥煤样，放在带盖的瓷坩埚中，在（900±10）℃下，隔绝空气加热 7min。以减少的质量占煤样质量的百分数，减去该煤样的水分含量作为煤样的挥发分。

学习活动 1　挥发分测定概述

1. 煤的挥发分

煤的挥发分，即煤在一定温度下隔绝空气加热，逸出物质（气体或液体）中减掉水分后的含量。剩下的残渣称为焦渣。因为挥发分不是煤中固有的，而是在特定温度下热解的产物，所以确切地说应称为挥发分产率。

煤的挥发分主要是由水分、碳氢氧化物和碳氢化合物（CH_4 为主）组成，但物理吸附水（包括外在水和内在水）和矿物质生成二氧化碳不属挥发分范围。煤的挥发分测定是一项规范性很强的试验，其结果完全取决于试验条件。其中试样质量、加热温度、加热时间、加热速度、坩埚的材质、形状和尺寸、试验设备的型号及坩埚架的大小、材料，在一定程度上均能影响挥发分的测定结果。

2. 煤的挥发分测定意义

煤的挥发分不仅是炼焦、气化要考虑的一个指标，也是动力用煤的一个重要指标，是动力煤按发热量计价的一个辅助指标。挥发分还是煤分类的重要指标。煤的挥发分反映了煤的变质程度，挥发分由大到小，煤的变质程度由小到大。如泥炭的挥发分高达 70%，褐煤一般为 40%～60%，烟煤一般为 10%～50%，高变质的无烟煤则小于 10%。煤的挥发分和煤岩组成有关，角质类的挥发分最高，镜煤、亮煤次之，丝炭最低。因此，世界各国和我国都以煤的挥发分作为煤分类的最重要的指标。

学习活动 2　仪器设备

（1）挥发分坩埚：带有配合严密盖的瓷坩埚，形状和尺寸如图 2-4 所示，坩埚总质量为 15～20g。

（2）马弗炉：带有高温计和调温装置，温度能保持在（900±10）℃，并有足够的恒温区。炉后壁有一排气孔和一插热电偶的小孔。小孔位置应使热电偶插入炉内后其热接点在坩埚底和炉底之间，即距炉底 20～30mm 处。

（3）坩埚架：用镍铬丝或其他耐热金属丝制成，规格尺寸能使所有的坩埚都在马弗炉

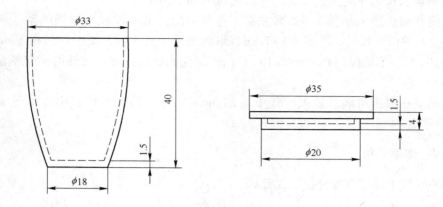

图 2-4　挥发分坩埚

恒温区内，坩埚底部位于热电偶热接点上方，距炉底 20~30mm 为准，如图 2-5 所示。

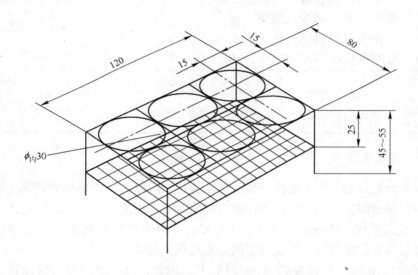

图 2-5　坩埚架

（4）坩埚架夹。

（5）分析天平：感量 0.0001g。

（6）秒表。

（7）干燥器：内装变色硅胶或粒状无水氯化钙。

（8）压饼机：能压制直径为 10mm 的煤饼。

学习活动 3　分析步骤

（1）在预先于 900℃ 温度下灼烧至质量恒重的带盖瓷坩埚中，称取粒度小于 0.2mm 的空气干燥煤样(1±0.01)g（称准至 0.0002g），然后轻轻振动坩埚，使煤样摊平，盖上盖，放在坩埚架上。

（2）褐煤和长焰煤应预先压饼，并切成约 3mm 的小块。

（3）将马弗炉预先加热至 920℃ 左右，打开炉门，迅速将放有坩埚的架子送入恒温区，立即关上炉门并计时，准确加热 7min。坩埚及架子放入后，要求炉温在 3min 内恢复至（900±10）℃，此后保持在（900±10）℃，否则此次试验作废。加热时间包括温度恢复时间在内。

（4）从炉中取出坩埚，放入空气中冷却 5min 左右，移入干燥器中冷却至室温（约 20min）后称重。

学习活动 4　结果分析

煤样的空气干燥基挥发分按下式计算：

$$V_{ad} = \frac{m_1}{m} \times 100 - M_{ad}$$

式中　V_{ad}——空气干燥基挥发分的质量分数，%；

m——一般分析试验煤样的质量，g；

m_1——煤样加热后减少的质量，g；

M_{ad}——一般分析试验煤样水分的质量分数，%。

挥发分测定的重复性和再现性见下表。

挥发分质量分数/%	<20.00	20.00~40.00	>40.00
重复性/%	0.30	0.50	0.80
再现性/%	0.50	1.00	1.50

学习活动 5　注意事项

因为挥发分测定是一个规范性很强的试验项目，所以必须严格控制试验条件，尤其是加热温度和加热时间。这两项试验条件我国和国际标准规定完全一致，为此必须做到：

（1）测定温度应严格控制在（900±10）℃，要定期对热电偶及毫伏计进行严格的校正。定期测量马弗炉恒温区，测定时坩埚必须放在恒温区。

（2）炉温应在 3min 内恢复到（900±10）℃。因此，马弗炉应经常验证其温度恢复速度是否符合要求，或手动控制。每次试验最好放同样数目的坩埚，以保证坩埚及其支架的热容量基本一致。

（3）总加热时间（包括温度恢复时间）要严格控制在 7min，用秒表计时。

（4）坩埚应带有严密盖的瓷坩埚，形状、尺寸、总质量必须符合图 2-4 所示规定。

（5）耐热金属做的坩埚架受热时不能掉皮，若沾在坩埚上会影响测定结果。

（6）坩埚从马弗炉取出后，在空气中冷却时间不宜过长，以防焦渣吸水。坩埚在称量前不能开盖。

（7）褐煤、长焰煤水分和挥发分很高，如以松散状态放入 900℃ 炉中加热，则挥发分会骤然大量释放，把坩埚盖顶开带走碳粒，使结果偏高，而且重复性差。若将煤样压成饼，切成 3mm 小块后，使试样紧密可减缓挥发分的释放速度，因而可有效地防止煤样爆燃、喷溅，使测定结果可靠稳定。

学习任务 6　煤中固定碳测定

学习目标：（1）掌握煤中固定碳含量的计算方法；

　　　　　　（2）正确对结果进行计算。

学习活动 1　固定碳测定概述

1. 煤中固定碳

固定碳的含量是指工业分析中四种成分（水分、挥发分、灰分、固定碳）中碳的含量。测定煤的挥发分时，剩下的不挥发物称为焦渣。焦渣减去灰分称为固定碳。它是煤中不挥发的固体可燃物，可以用计算方法算出。焦渣的外观与煤中有机质的性质有密切关系，因此，根据焦渣的外观特征，可以定性地判断煤的黏结性和工业用途。

2. 测定固定碳的意义

煤的固定碳与挥发分一样，也是表征煤的变质程度的一个指标，随变质程度的增高而增高。因此，一些国家以固定碳作为煤分类的一个指标。固定碳是煤发热量的重要来源，所以有的国家以固定碳作为煤发热量计算的主要参数。固定碳也是合成氨用煤的一个重要指标。

学习活动 2　固定碳计算

煤中固定碳含量不是实测的，而是通过计算所得。通常用 100 减水分、灰分和挥发分得出，按下式计算：

$$(FC)_{ad} = 100 - (M_{ad} + A_{ad} + V_{ad})$$

当分析煤样中碳酸盐 CO_2 含量为 2%～12% 时：

$$(FC)_{ad} = 100 - (M_{ad} - A_{ad} + V_{ad}) - (CO_2)_{ad}(煤)$$

当分析煤样中碳酸盐 CO_2 含量大于 12% 时：

$$(FC)_{ad} = 100 - (M_{ad} + A_{ad} + V_{ad}) - [(CO_2)_{ad}(煤) - (CO_2)_{ad}(焦渣)]$$

式中　　　$(FC)_{ad}$——分析煤样的固定碳，%；

　　　　　M_{ad}——分析煤样的水分，%；

　　　　　A_{ad}——分析煤样的灰分，%；

　　　　　V_{ad}——分析煤样的挥发分，%；

　　$(CO_2)_{ad}$（煤）——分析煤样中碳酸盐 CO_2 含量，%；

　$(CO_2)_{ad}$（焦渣）——焦渣中 CO_2 占煤中的含量，%。

学习任务 7　煤中硫分分析

学习目标：（1）掌握煤中硫分的知识；

　　　　　　（2）掌握煤中硫分分析方法。

学习活动 1　煤中硫分概述

硫在煤中以三种形式存在，即有机硫、硫铁矿硫（黄铁矿和白铁矿硫等形态存在的硫）和硫酸盐硫。前两种可以燃烧，通常称为可燃硫，后一种硫酸盐硫不可燃烧，只转化为灰的一部分。硫在煤中的含量变化范围较大，一般约为 0.1% ~ 5%。硫虽能燃烧放热，但它却是极为有害的成分。硫燃烧后生成二氧化硫（SO_2）及少量三氧化硫（SO_3），排入大气能污染环境，对人体和动植物以及地面建筑物均有害。同时，SO_2、SO_3 也是导致锅炉受热面烟气侧高温腐蚀、低温腐蚀和堵灰的主要因素。

1. 煤中硫分存在形态

煤中硫分，按其存在的形态分为有机硫和无机硫两种。有的煤中还有少量的单质硫。煤中的有机硫，是以有机物的形态存在于煤中的，其结构复杂，至今了解的还不够充分，大体有以下官能团：硫醇类，R—SH（—SH，为硫基）；噻吩类，如噻吩、苯骈噻吩；硫醌类，如对硫醌；硫醚类等。

煤中的无机硫，是以无机物形态存在于煤中的。无机硫又分为硫化物硫和硫酸盐硫。硫化物硫绝大部分是黄铁矿硫，少部分为白铁矿硫，还有少量的 ZnS，PbS 等。硫酸盐硫主要存在于 $CaSO_4$ 中。

煤中硫分，按其在空气中能否燃烧又分为可燃硫和不可燃硫。有机硫、硫铁矿硫和单质硫都能在空气中燃烧，都是可燃硫。硫酸盐硫不能在空气中燃烧，是不可燃硫。煤燃烧后留在灰渣中的硫（以硫酸盐硫为主），或焦化后留在焦炭中的硫（以有机硫、硫化钙和硫化亚铁等为主），称为固体硫。煤燃烧逸出的硫，或煤焦化随煤气和焦油析出的硫，称为挥发硫（以硫化氢和硫氧化碳（COS）等为主）。煤的固定硫和挥发硫不是不变的，而是随燃烧或焦化温度、升温速度和矿物质组分的性质和数量等而变化。煤中各种形态的硫的总和称为煤的全硫（S_t）。煤的全硫通常包含煤的硫酸盐硫（S_s）、硫铁矿硫（S_p）和有机硫（S_o），即 $S_t = S_s + S_p + S_o$。

如果煤中有单质硫，全硫中还应包含单质硫。

2. 煤中硫对工业利用的影响

硫是煤中有害物质之一。煤作为燃料在燃烧时生成 SO_2、SO_3，不仅腐蚀设备，而且污染空气，甚至降酸雨，严重危及植物生长和人的健康。煤用于合成氨制半水煤气时，由于煤气中硫化氢等气体较多不易脱净，易毒化合成催化剂而影响生产。煤用于炼焦，煤中硫会进入焦炭，使钢铁变脆。钢铁中硫含量大于 0.07% 时就成了废品。为了减少钢铁中的硫，在高炉炼铁时加石灰石，这就降低了高炉的有效容积，而且还增加了排渣量。煤在储运中，煤中硫化铁等含量多时，会因氧化、升温而自燃。

我国煤田硫的含量不一。东北、华北等煤田硫含量较低，山东枣庄小槽煤、内蒙古乌大、山西汾西、陕西铜川等煤矿硫含量较高，贵州、四川等煤矿硫含量更高。四川有的煤矿硫含量高达 4% ~ 6%，洗选后降到 2% 都困难。

脱去煤中的硫，是煤炭利用的一个重要课题。在这方面美国等西方国家对洁净煤的研究取得很大进展。他们首先是发展煤的洗选加工（原煤入洗比重约 80% 以上，我国不足

20%），通过洗选降低了煤中的灰分，除去煤中的无机硫（有机硫靠洗选是除不去的）；其次是在煤的燃烧中脱硫和烟道气中脱硫。这无疑增加了用煤成本。

学习活动2　库仑自动滴定法定硫

1. 方法原理

煤样在催化剂作用下，于空气流中燃烧分解，煤中硫生成二氧化硫并被碘化钾溶液吸收，以电解碘化钾溶液所产生的碘进行滴定，根据电解所消耗的电荷量计算煤中全硫的含量。

2. 试剂和材料

（1）三氧化钨。

（2）变色硅胶：工业品。

（3）氢氧化钠：化学纯。

（4）电解液：碘化钾、溴化钾各 5g，冰乙酸 10mL 溶于 250~300mL 水中。

（5）燃烧舟：长 70~77mm，素瓷或刚玉制品，耐温 1200℃ 以上。

3. 仪器设备

智能库仑测硫仪，由下列各部分构成：

（1）管式高温炉：能加热到 1200℃ 以上并有 90mm 以上长的高温带（（1150±5）℃），附有铂铑-铂热电偶测温及控温装置，炉内装有耐温 1300℃ 以上的异径燃烧管。

（2）电解池和电磁搅拌器：电解池高 120~180mm。容量不少于 400mL，内有面积约 1500mm^2 的铂电解电极对和面积约 15mm^2 的铂指示电极对。指示电极响应时间应小于 1s，电磁搅拌器转速约 500r/min 且连续可调。

（3）库仑积分器：电解电流 0~350mA 范围内积分线性误差应小于 ±1%，配有 4~6 位数字显示器和打印机。

（4）送样程序控制器：可按指定的程序前进、后退。

（5）空气供应及净化装置：由电磁泵和净化管组成。抽气量约 1000mL/min，净化管内装氢氧化钠及变色硅胶。

4. 试验步骤

（1）试验准备：

1）将管式高温炉升温至 1150℃，用另一组铂铑-铂热电偶高温计测定燃烧管中高温带的位置、长度及 500℃ 的位置。

2）调节送样程序控制器，使煤样预分解及高温分解的位置分别处于 500℃ 和 1150℃ 处。

3）在燃烧管出口处充填洗净、干燥的玻璃纤维棉；在距出口端约 80~100mm 处，充填厚度约 3mm 的硅酸铝棉。

4）将程序控制器、管式高温炉、库仑积分器、电解池、电磁搅拌器和空气供应及净化装置组装在一起。燃烧管、活塞及电解池之间连接时应口对口紧接并用硅橡胶管封住。

5）开动抽气泵和供气泵，将抽气流量调节到 1000mL/min，然后关闭电解池与燃烧管间的活塞，如抽气量降到 400mL/min 以下，证明仪器各部件及各接口气密性良好，否则需检查各部件及其接口。

（2）测定步骤：

1）将管式高温炉升温并控制在（1150±5）℃。

2）开动供气泵和抽气泵并将抽气流量调节到 1000mL/min。在抽气下，将 250～300mL 电解液加入电解池内，开动电磁搅拌器。

3）在瓷舟中放入少量非测定用的煤样，进行测定（终点电位调整试验）。如试验结束后库仑积分器的显示值为 0，应再次测定直至显示值不为 0。

4）于瓷舟中称取粒度小于 0.2mm 的空气干燥煤样 0.05g（称准至 0.0002g），煤样上盖一薄层三氧化钨。将瓷舟置于送样的石英托盘上，开启送样程序控制器，煤样即自动送进炉内，库仑滴定随即开始。试验结束后，库仑积分器显示出硫毫克数或百分含量并由打印机打出。

5. 结果计算

当库仑积分器最终显示数为硫的毫克数时，全硫质量分数按下式计算：

$$S_{t,\ ad} = \frac{m_1}{m} \times 100$$

式中　$S_{t,ad}$——一般分析煤样中全硫质量分数，%；

　　　m_1——库仑积分器显示值，mg；

　　　m——煤样的质量，mg。

学习活动 3　艾士卡法

1. 原理

将煤样与艾士卡试剂混合灼烧，煤中硫生成硫酸盐，然后使硫酸根离子生成硫酸钡沉淀，根据硫酸钡的质量计算煤中全硫的含量。

2. 试剂及仪器

（1）艾士卡试剂（以下简称艾氏剂）：以 2 份质量的化学纯轻质氧化镁与 1 份质量的化学纯无水碳酸钠混匀并研细至粒度小于 0.2mm 后，保存在密闭容器中。

（2）盐酸溶液（1+1）：1 体积盐酸加 1 体积水混匀。

（3）氯化钡溶液：100g/L，10g 氯化钡溶于 100mL 水中。

（4）甲基橙溶液：2g/L，0.2g 甲基橙溶于 100mL 水中。

（5）硝酸银溶液：10g/L，1g 硝酸银溶于 100mL 水中，加入几滴硝酸，贮于深色瓶中。

（6）瓷坩埚：容量为 30mL 和 10～20mL 两种。

（7）滤纸：中速定性滤纸和致密无灰定量滤纸。

（8）分析天平：感量 0.1mg。

（9）马弗炉：带温度控制装置，能升温到 900℃，温度可调并可通风。

3. 试验步骤

（1）在 30mL 瓷坩埚内称取粒度小于 0.2mm 的空气干燥煤样（1.00±0.01）g（称准至 0.0002g）和艾氏剂 2g（称准至 0.1g），仔细混合均匀，再用 1g（称准至 0.1g）艾氏剂覆盖在煤样上面。

注意：全硫含量 5%~10% 时称取 0.5g 煤样，全硫含量大于 10% 时称取 0.25g 煤样。

（2）将装有煤样的坩埚移入通风良好的马弗炉中，在 1~2h 内从室温逐渐加热到 800~850℃，并在该温度下保持 1~2h。

（3）将坩埚从马弗炉中取出，冷却到室温。用玻璃棒将坩埚中的灼烧物仔细搅松、捣碎（如发现有未烧尽的煤粒，应继续灼烧 30min），然后把灼烧物转移到 400mL 烧杯中。用热水冲洗坩埚内壁，将洗液收入烧杯，再加入 100~150mL 刚煮沸的蒸馏水，充分搅拌。如果此时尚有黑色煤粒漂浮在液面上，则本次测定作废。

（4）用中速定性滤纸以倾泻法过滤，用热水冲洗 3 次，然后将残渣转移到滤纸中，用热水仔细清洗至少 10 次，洗液总体积约为 250~300mL。

（5）向滤液中滴入 2~3 滴甲基橙指示剂，用盐酸溶液中和并过量 2mL，使溶液呈微酸性。将溶液加热到沸腾，在不断搅拌下缓慢滴加氯化钡溶液 10mL，并在微沸状态下保持约 2h，溶液最终体积约为 200mL。

（6）溶液冷却或静置过夜后用致密无灰定量滤纸过滤，并用热水洗至无氯离子为止（硝酸银溶液检验无浑浊）。

（7）将带有沉淀的滤纸转移到已知质量的瓷坩埚中，低温灰化滤纸后，在温度为 800~850℃ 的马弗炉内灼烧 20~40min，取出坩埚，在空气中稍加冷却后放入干燥器中冷却到室温后称量。

（8）每配制一批艾氏剂或更换其他任何一种试剂时，应进行 2 个以上空白试验（除不加煤样外，全部操作按上述进行），硫酸钡沉淀的质量极差不得大于 0.0010g，取算术平均值作为空白值。

4. 结果计算

测定结果按下式计算：

$$S_{t,\,ad} = \frac{(m_1 - m_2) \times 0.1374}{m} \times 100$$

式中　$S_{t,ad}$——一般分析煤样中全硫质量分数，%；

　　　m_1——硫酸钡的质量，g；

　　　m_2——空白试验的硫酸钡质量，g；

　0.1374——由硫酸钡换算为硫的系数；

　　　m——煤样的质量，g。

学习活动 4　高温燃烧中和法

1. 原理

煤样在催化剂作用下于氧气流中燃烧，煤中硫生成硫氧化物，被过氧化氢溶液吸收形成硫酸，用氢氧化钠溶液滴定，根据消耗的氢氧化钠标准溶液量，计算煤中全硫含量。

2. 试剂和材料

（1）氧气：99.5%。

（2）碱石棉：化学纯，粒状。

（3）三氧化钨。

（4）无水氯化钙：化学纯。

（5）混合指示剂：

将 0.125g 甲基红溶于 100mL 乙醇中；另将 0.083g 亚甲基蓝溶于 100mL 乙醇中，分别贮存于棕色瓶中，使用前按等体积混合。

（6）邻苯二甲酸氢钾：优级纯。

（7）酚酞溶液：1g/L，0.1g 酚酞溶于 100mL 60%的乙醇溶液中。

（8）过氧化氢溶液：质量分数为 30%。

取 30mL 质量分数为 30%的过氧化氢加入 970mL 水，加 2 滴混合指示剂，用稀硫酸溶液或稀氢氧化钠溶液中和至溶液呈钢灰色。此溶液应当天使用当天中和。

（9）氢氧化钠标准溶液：c（NaOH）= 0.03mol/L。

1）氢氧化钠标准溶液的配制：称取优级纯氢氧化钠 6.0g，溶于 5000mL 经煮沸并冷却后的蒸馏水中，混合均匀，装入瓶内，用橡皮塞塞紧。

2）氢氧化钠标准溶液浓度的标定：称取预先在 120℃下干燥过 1h 的邻苯二甲酸氢钾（0.2~0.3）g（称准至 0.0002g）于 250mL 锥形瓶中，用 20mL 左右水溶解；以酚酞作指示剂，用氢氧化钠标准溶液滴定至红色，按下式计算其浓度：

$$c = \frac{m}{0.2042V}$$

式中　　c——氢氧化钠标准溶液的浓度，mol/L；

　　　　m——邻苯二甲酸氢钾的质量，g；

　　　　V——氢氧化钠标准溶液的用量，mL；

0.2042——邻苯二甲酸氢钾的摩尔质量，g/mmol；

3）氢氧化钠标准溶液滴定度的标定：称取 0.2g 左右煤标准物质（称准至 0.0002g），置于燃烧舟中，盖上一薄层三氧化钨。按下式计算其滴定度：

$$T = \frac{m \times S'_{t,\,ad}}{100V}$$

式中　　T——氢氧化钠标准溶液的滴定度，g/mL；

　　　　m——煤标准物质的质量，g；

　　$S'_{t,ad}$——煤标准物质的空气干燥基全硫质量分数，%；

V——氢氧化钠溶液的用量，mL。

（10）羟基氰化汞溶液：称取 6.5g 左右羟基氰化汞，溶于 500mL 去离子水中，充分搅拌后，放置片刻，过滤。往滤液中加入 2～3 滴混合指示剂，用稀硫酸溶液中和，贮存于棕色瓶中。此溶液有效期为 7d。

（11）碳酸钠纯度标准物质。

（12）硫酸标准溶液：c（$1/2H_2SO_4$）= 0.03mol/L。

1）硫酸标准溶液的配制：于 1000mL 容量瓶中，加入约 40mL 蒸馏水，用移液管吸取 0.7mL 硫酸缓缓加入容量瓶中，加水稀释至刻度，充分混匀。

2）硫酸标准溶液的标定：于锥形瓶中称取 0.05g 碳酸钠纯度标准物质（称准至 0.0002g），加入 50～60mL 蒸馏水使之溶解，然后加入 2～3 滴甲基橙，用硫酸标准溶液滴定到由黄色变为橙色。煮沸，驱出二氧化碳，冷却后，继续滴定到橙色。

硫酸浓度按下式计算：

$$c = \frac{m}{0.053V}$$

式中　c——硫酸标准溶液的浓度，mol/L；

　　　m——碳酸钠纯度标准物质的质量，g；

　　　V——硫酸标准溶液的用量，mL；

　　0.053——碳酸钠的摩尔质量，g/mmol。

3. 仪器设备

（1）管式高温炉：能加热到 1250℃，并有 80mm 长的（1200±10）℃高温恒温带，附有铂铑-铂热电偶测温和控温装置。

（2）异径燃烧管：耐温 1300℃ 以上，总长约 750mm；一端外径约 22mm，内径约 1mm，长约 690mm；另一端外径约 10mm，内径约 7mm，长约 60mm。

（3）氧气流量计：测量范围 0～600mL/min。

（4）吸收瓶：250mL 或 300mL 锥形瓶。

（5）气体过滤器：用 G1～G3 型玻璃熔板制成。

（6）干燥塔：容积 250mL，下部（2/3）装碱石棉，上部（1/3）装无水氯化钙。

（7）贮气筒：容量为 30～50L。

注意：用氧气钢瓶正压供气时可不配备贮气筒。

（8）酸滴定管：25mL 和 10mL 两种。

（9）碱滴定管：25mL 和 10mL 两种。

（10）镍铬丝钩：用直径约 2mm 的镍铬丝制成，长约 700mm，一端弯小钩。

（11）洗耳球。

（12）燃烧舟：瓷或刚玉制品，耐温 1300℃ 以上，长约 77mm，上宽约 12mm，高约 8mm。

4. 试验步骤

（1）试验准备：

1）把燃烧管插入高温炉，使细径管端伸出炉口 100mm，并接上一段长约 30mm 的硅橡胶管。

2）将高温炉加热并稳定在（1200±10）℃，测定燃烧管内高温恒温带及 500℃ 温度带部位和长度。

3）将干燥塔，氧气流量计、高温炉的燃烧管和吸收瓶连接好，并检查装置的气密性。

（2）测定步骤：

1）将高温炉加热并控制在（1200±10）℃。

2）用量筒分别量取 100mL 已中和的过氧化氢溶液，倒入 2 个吸收瓶中，塞上带有气体过滤器的瓶塞并连接到燃烧管的细径端，再次检查其气密性。

3）称取粒度小于 0.2mm 的空气干燥煤样（0.20±0.01）g（称准至 0.0002g）于燃烧舟中，并盖上一薄层三氧化钨。

4）将盛有煤样的燃烧舟放在燃烧管入口端，随即用带橡皮塞的 T 形管塞紧，然后以 350mL/min 的流量通入氧气。用镍铬丝推棒将燃烧舟推到 500℃ 温度区并保持 5min，再将舟推到高温区，立即撤回推棒，使煤样在该区燃烧 10min。

5）停止通入氧气，先取下靠近燃烧管的吸收瓶，再取下另一个吸收瓶。

6）取下带橡皮塞的 T 形管，用镍铬丝钩取出燃烧舟。

7）取下吸收瓶塞，用蒸馏水清洗气体过滤器 2~3 次。清洗时，用洗耳球加压，排出洗液。

8）分别向 2 个吸收瓶内加入 3~4 滴混合指示剂，用氢氧化钠标准溶液滴定至溶液由桃红色变为钢灰色，记下氢氧化钠溶液的用量。

（3）空白测定：

在燃烧舟内放一薄层三氧化钨（不加煤样），按上述步骤测定空白值。

5. 结果计算

（1）煤中全硫含量的计算。用氢氧化钠标准溶液的浓度计算，见下式：

$$S_{t,ad} = \frac{(V - V_0) \times c \times 0.016 \times f}{m} \times 100 \qquad (1)$$

式中　$S_{t,ad}$——一般分析煤样中全硫质量分数，%；

　　　V——煤样测定时，氢氧化钠标准溶液的用量，mL；

　　　V_0——空白测定时，氢氧化钠标准溶液的用量，mL；

　　　c——氢氧化钠标准溶液的浓度，mol/L；

　0.016——硫的摩尔质量，g/mmol；

　　　f——校正系数，当 $S_{t,ad} < 1\%$ 时，$f = 0.95$；$S_{t,ad}$ 为 1%~4% 时，$f = 1.00$；$S_{t,ad} > 4\%$ 时，$f = 1.05$；

　　　m——煤样的质量，g。

用氢氧化钠标准溶液的滴定度计算，见下式：

$$S_{t,ad} = \frac{(V_1 - V_0) \times T}{m} \times 100 \qquad (2)$$

式中　$S_{t,ad}$——一般分析煤样中全硫质量分数，%；

V_1——煤样测定时，氢氧化钠标准溶液的用量，mL；

V_0——空白测定时，氢氧化钠标准溶液的用量，mL；

T——氢氧化钠标准溶液的滴定度，g/mL；

m——煤样的质量，g。

（2）氯的校正。氯含量高于 0.02% 的煤或用氯化锌减灰的精煤应按以下方法进行氯的校正：

在氢氧化钠标准溶液滴定到终点的试液中加入 10mL 羟基氰化汞溶液，用硫酸标准溶液滴定到溶液由绿色变为钢灰色，记下硫酸标准溶液的用量，按下式计算全硫含量：

$$S_{t,\ ad} = S_{t,\ ad}^{n} - \frac{c \times V_2 \times 0.016}{m} \times 100 \tag{3}$$

式中　$S_{t,\ ad}$——一般分析煤样中全硫质量分数，%；

$S_{t,\ ad}^{n}$——按式（1）或式（2）计算的全硫质量分数，%；

c——硫酸标准溶液的浓度，mol/L；

V_2——硫酸标准溶液的用量，mL；

0.016——硫的摩尔质量，g/mmol；

m——煤样的质量，g。

学习任务 8　煤的发热量的测定

学习目标：（1）掌握煤发热量的测定方法；

　　　　　　（2）掌握煤发热量的含义。

方法提要：恒温恒容高位发热量的原理：煤在工业装置的实际燃烧中，硫只生成二氧化硫，氮则生成游离氮，这与氧弹中的情况是不同的。由弹筒发热量减掉稀硫酸生成热和二氧化硫生成热之差以及硝酸的生成热，得出的就是高位发热量。因为弹筒发热量的测定是在恒定容积（即弹筒的容积）下进行的，由此算出的高位发热量也相应地称为恒容高位发热量，它比工业上的恒压（大气压力）状态下的发热量低 8~16J/g，一般可忽略不计。

学习活动 1　发热量概述

所谓燃料发热量，是指单位质量的燃料完全燃烧产生的热量。发热量的单位为焦/克（J/g）或兆焦/千克（MJ/kg）。

煤的各种发热量名称的含义如下：

（1）煤的弹筒发热量（Q_{dt}）。煤的弹筒发热量，是单位质量的煤样在热量计的弹筒内，在过量高压氧（2.5~3.5MPa）中燃烧后产生的热量（燃烧产物的最终温度规定为 25℃）。由于煤样是在高压氧气的弹筒里燃烧的，所以发生了煤在空气中燃烧时不能进行的热化学反应。如：煤中氮以及充氧气前弹筒内空气中的氮，在空气中燃烧时，一般呈气态氮逸出，而在弹筒中燃烧时却生成 N_2O_5 或 NO_2 等氮氧化合物。这些氮氧化合物溶于弹筒中生成硝酸，这一化学反应是放热反应。另外，煤中可燃硫在空气中燃烧时生成 SO_2 气体逸出，而在弹筒中燃烧时却氧化成 SO_3，SO_3 溶于弹筒水中生成硫酸。SO_2、SO_3 以及

H_2SO_4 溶于水生成硫酸水化物都是放热反应。因此，煤的弹筒发热量要高于煤在空气、工业锅炉中燃烧时实际产生的热量。为此，实际中要把弹筒发热量折算成符合煤在空气中燃烧的发热量。

（2）煤的高位发热量（Q_{gw}）。煤的高位发热量，即煤在空气中大气压条件下燃烧后所产生的热量。实际上是由实验室中测得的煤的弹筒发热量减去硫酸和硝酸生成热后得到的热量。应该指出的是，煤的弹筒发热量是在恒容（弹筒内煤样燃烧室容积不变）条件下测得的，所以又称为恒容弹筒发热量。由恒容弹筒发热量折算出来的高位发热量又称为恒容高位发热量。而煤在空气中大气压下燃烧的条件是恒压的（大气压不变），其高位发热量是恒压高位发热量。恒容高位发热量和恒压高位发热量两者之间是有差别的。一般恒容高位发热量比恒压高位发热量低 8.4 ~ 20.9J/g，实际中当要求精度不高时，一般不予校正。

（3）煤的低位发热量（Q_{net}）。煤的低位发热量，是指煤在空气中大气压条件下燃烧后产生的热量，扣除煤中水分（煤中有机质中的 [wiki] 氢 [/wiki] 燃烧后生成的氧化水，以及煤中的游离水和化合水）的汽化热（蒸发热），剩下的实际可以使用的热量。同样，实际上由恒容高位发热量算出的低位发热量，也称为恒容低位发热量，它与在空气中大气压条件下燃烧时的恒压低位热量之间也有较小的差别。

（4）煤的恒湿无灰基高位发热量（Q_{maf}）。恒湿，是指温度 30℃，相对湿度 96% 时，测得的煤样的水分（或称为最高内在水分）。煤的恒湿无灰基高位发热量，实际中是不存在的，是指煤在恒湿条件下测得的恒容高位发热量除去灰分影响后算出来的发热量。

学习活动 2　试验准备

1. 试验条件

（1）试验应在一间单独的房间，不得在同一房间内同时进行其他试验项目。

（2）室温应尽量保持恒定，每次室温变化不超过 1K，通常室温以不超出 15 ~ 35℃ 范围为宜。

（3）室内应无强烈的空气对流，因此不应有强烈的热源和风扇等，试验过程中应避免开启门窗。

（4）实验室最好朝北，以避免阳光照射，否则热量计应放在不受阳光直射的地方。

2. 仪器准备

5E 电脑量热仪

3. 试剂和材料准备

（1）氧气：不含可燃成分，因此不许使用电解氧。

（2）苯甲酸：标明热值。

（3）点火丝。

（4）酸洗石棉绒：使用前在 800℃ 下灼烧 30min。

（5）燃烧皿。

学习活动 3　分析步骤

（1）调水温：打开计算机，选择"调节温度"，屏幕上显示外筒温度，根据外筒温度再调节贮水筒温度，使贮水筒温度比外筒温度低 1.2~1.6℃。

（2）称样：准确称取 1.0000~1.0100g 煤样扫至燃烧皿中。

（3）装弹头：取出氧弹头放在弹架上，取一根点火丝，把两端接在弹头的两个电极柱上，点火丝和电极柱保持良好的接触，把盛有煤样的燃烧皿放在支架上，将点火丝的中间弯曲，并使其一端与煤样接触。

（4）充氧弹：往氧弹中加 10mL 蒸馏水，将氧弹头放入弹筒中，小心拧紧氧弹盖，再缓慢地向氧弹中充氧气，氧气压力一般为 2.6~2.8MPa，充氧时间不得少于 0.5min。当氧气压力降到 5.0MPa（50 个大气压），充氧时间适应延长。

（5）打水：贮水筒水温稳定后方可打水。

（6）检查氧弹气密性：将准备好的氧弹放入打好水的内筒中，如氧弹中无气泡漏出，则说明氧弹气密性良好，如漏气应重装。

（7）测试：将气密性良好的氧弹放入内筒中，提入外筒中，盖上外筒的盖子，防止搅拌器擦壁，并保持密封性良好，进行发热量测试，测试完毕显示结果为弹筒发热量，再根据弹筒发热量计算出分析试样的高位发热量。

学习活动 4　结果分析

$$Q_{gw} = Q_{dt} - (95 \times S + \alpha \times Q_{dt})$$

式中　Q_{gw}——分析试样的高位发热量，J/g；

　　　Q_{dt}——分析试样的弹筒发热量，J/g；

　　　S——分析试样的含硫量，%；

　　　α——系数，当 $Q_{dt} < 16700$J/g 时，$\alpha = 0.001$；当 16700J/g $< Q_{dt} < 2500$J/g 时，$\alpha = 0.0012$；当 $Q_{dt} > 2500$J/g 时，$\alpha = 0.0016$。

学习活动 5　注意事项

（1）热容器是决定发热量的关键因素，随着温度的变化仪器的热容量也变化，所以要定时校正热容量。

热容器的测定：用已知热值的苯甲酸（在 40~60℃烘箱中放置 3~4h 冷却后）压饼，饼重约 1.0000~1.2000g 放入燃烧皿中，做热容过程同发热量测定。热容的测定应连续进行 5 次以上，并且连续误差不超过 40J，取其 5 次的平均值，标定热容的条件应与发热量测定条件一致。因不同的温度环境做出的热容值不同，所以保持恒定的环境温度是做好发热量的前提条件。

（2）在保证点火丝与电极柱良好接触时，勿使点火丝与燃烧皿接触，以免形成短路，同时避免燃烧皿与电极柱接触。

（3）每次试验完毕，都应检查弹筒内有没有煤样溅出，燃烧皿中煤样燃烧是否完全，如有溅出或燃烧不完全试验应重做。

学习任务 9　碳氢元素的测定

学习目标：（1）掌握碳氢测定方法；

　　　　　　（2）掌握碳氢测定仪原理及操作。

方法提要： 称取一定量的空气干燥煤样在氧气流中燃烧，生成的水和二氧化碳分别用吸水剂和二氧化碳吸收剂吸收，由吸收剂的增重计算煤中碳和氢的含量。煤样中硫和氯对测定的干扰在三节炉中用铬酸铅和银丝卷消除，在二节炉中用高锰酸银热解产物消除。氮对碳测定的干扰用粒状二氧化锰消除。

学习活动 1　试验准备

1. 仪器准备

（1）碳氢测定仪：碳氢测定仪包括净化系统、燃烧装置和吸收系统三个主要部分，结构如图 2-6 所示。

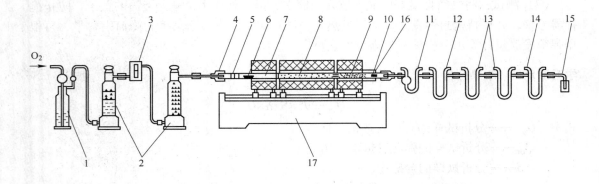

图 2-6　碳氢测定仪

1—鹅头洗气瓶；2—气体干燥塔；3—流量计；4—橡皮帽；5—铜丝卷；6—燃烧舟；

7—燃烧管；8—氧化铜；9—铬酸铅；10—银丝卷；11—吸水 U 形管；12—除氮 U 形管；

13—吸二氧化碳 U 形管；14—保护用 U 形管；15—气泡计；16—保温套管；17—三节电炉

1）净化系统包括以下部件：

①鹅头洗气瓶：容量 250～500mL，内装 40%氢氧化钾（或氢氧化钠）溶液。

②气体干燥塔：容量 500mL 2 个，一个上部（约 2/3）装氯化钙（或过氯酸镁），下部（约 1/3）装碱石棉（或碱石灰）；另一个装氯化钙（或过氯酸镁）。

③流量计：量程 0～150mL/min。

2）燃烧装置由一个三节（或二节）管式炉及其控制系统构成，主要包括以下部件：

①电炉：三节炉或二节炉（包括双管炉或单管炉），炉膛直径约 35mm。

三节炉：第一节长约 230mm，可加热到（800±10）℃并可沿水平方向移动；第二节长 330～350mm，可加热到（800±10）℃；第三节长 130～150mm，可加热到（600±10）℃。

二节炉：第一节长约 230mm，可加热到（800±10）℃并可沿水平方向移动；第二节长

130~150mm，可加热到（500±10）℃。

每节炉装有热电偶，测温和控温装置。

②燃烧管：瓷、石英、刚玉或不锈钢制成，长 1100~1200mm（使用二节炉时，长约800mm），内径 20~22mm，壁厚约 2mm。

③燃烧舟：瓷或石英制成，长约 80mm。

④保温套：铜管或铁管，长约 150mm，内径大于燃烧管，外径小于炉膛直径。

⑤橡皮帽（最好用耐热硅橡胶）或铜接头。

3）吸收系统包括以下部件：

①吸水 U 形管：装药部分高 100~120mm，直径约 15mm，进口端有一个球形扩大部分，内装无水氯化钙或无水过氯酸镁。

②二氧化碳吸收管：2 个。装药部分高 100~120mm，直径约 15mm，前 2/3 装碱石棉或碱石灰，后 1/3 装无水氯化钙或无水过氯酸镁。

③除氮 U 形管：装药部分高 100~120mm，直径约 15mm，前 2/3 装二氧化锰，后 1/3 装无水氯化钙或无水过氯酸镁。

④气泡计：容量约 10mL。

（2）分析天平：感量 0.0001g。

（3）贮气筒：容量不小于 10L。

（4）下口瓶：容量约 10L。

（5）带磨口塞的玻璃管或小型干燥器（不装干燥剂）。

2. 试剂和材料准备

（1）碱石棉：化学纯，粒度 1~2mm；或碱石灰：化学纯，粒度 0.5~2mm。

（2）无水氯化钙：分析纯，粒度 2~5mm；或无水过氯酸镁；分析纯，粒度 1~3mm。

（3）氧化铜：分析纯，粒度 1~4mm，或线状（长约 5mm）。

（4）铬酸铅：分析纯，粒度 1~4mm。

（5）银丝卷：丝直径约 0.25mm。

（6）铜丝卷：丝直径约 0.5mm。

（7）氧气：不含氢。

（8）三氧化二铬：化学纯，粉状，或由重铬酸铵、铬酸铵加热分解制成。

制法：取少量铬酸铵放在较大的蒸发皿中，微微加热，铵盐立即分解成墨绿色、疏松状的三氧化二铬。收集后放在马弗炉中，在（600±10）℃下灼烧 40min，放在空气中使呈空气干燥状态，保存在密闭容器中备用。

（9）粒状二氧化锰：用化学纯硫酸锰和化学纯高锰酸钾制备。

制法：称取 25g 硫酸锰（$MnSO_4 \cdot 5H_2O$），溶于 500mL 蒸馏水中，另称取 16.4g 高锰酸钾，溶于 300mL 蒸馏水中，分别加热到 50~60℃。然后将高锰酸钾溶液慢慢注入硫酸锰溶液中，并加以剧烈搅拌。之后加入 10mL 硫酸（1+1），将溶液加热到 70~80℃并继续搅拌 5min，停止加热，静置 2~3h。用热蒸馏水以倾泻法洗至中性，将沉淀物移至漏斗过滤，然后放入干燥箱中，在 150℃左右干燥，得到褐色、疏松状的二氧化锰，小心破碎和过筛，取粒度为 0.5~2mm 的备用。

（10）氧化氮指示胶。

制法：在瓷蒸发皿中将粒度小于 2mm 的无色硅胶 40g 和浓盐酸 30mL 搅拌均匀。在沙浴上把多余的盐酸蒸干至看不到明显的蒸气逸出为止。然后把硅胶粒浸入 30mL、10%硫酸氢钾溶液中，搅拌均匀取出干燥。再将它浸入 30mL、0.2%的雷伏奴耳（乳酸-6，9-二氨基-2-乙氧基吖啶）溶液中，搅拌均匀，用黑色纸包好干燥，放在深色瓶中，置于暗处保存，备用。

（11）高锰酸银热解产物：当使用二节炉时，需制备高锰酸银热解产物。

制法：称取 100g 化学纯高锰酸钾，溶于 2L 蒸馏水中，另取 107.5g 化学纯硝酸银先溶于约 50mL 蒸馏水中，在不断搅拌下，倾入沸腾的高锰酸钾溶液中。搅拌均匀，逐渐冷却，静置过夜。将生成的具有光泽的、深紫色晶体用蒸馏水洗涤数次。在 60~80℃下干燥 4h。将晶体一点一点地放在瓷皿中，在电炉上缓缓加热至骤然分解，得疏松状、银灰色产物，收集在磨口瓶中备用。未分解的高锰酸钾不宜大量贮存，以免受热分解，不安全。

3. 试验准备

（1）净化系统各容器的充填和连接。在净化系统各容器中装入相应的净化剂，然后按图 2-6 顺序将各容器连接好。

氧气可采用储气桶和下口瓶或可控制流速的氧气瓶供给。为指示流速，在两个干燥塔之间接入一个流量计。净化剂经 70~100 次测定后，应进行检查或更换。

（2）吸收系统各容器的充填和连接。在吸收系统各容器中装入相应的吸收剂，然后按图 2-6 顺序将各容器连接好。吸收系统的末端可连接一个空 U 形管（防止硫酸倒吸）和一个装有硫酸的气泡计。如果作吸水剂用的氯化钙含有碱性物质，应先以二氧化碳饱和。然后除去过剩的二氧化碳。处理方法如下：

把无水氯化钙破碎至需要的粒度（如果氯化钙在保存和破碎中已吸水，可放入马弗炉中，在约 300℃下灼烧 1h）装入干燥塔或其他适当的容器内（每次串联若干个）。缓慢通入干燥的二氧化碳气 3~4h，然后关闭干燥塔，放置过夜。通入不含二氧化碳的干燥空气，将过剩的二氧化碳除尽。处理后的氯化钙贮于密闭的容器中备用。当出现下列现象时，应更换 U 形管中试剂：

1）U 形管中的氯化钙开始溶化并阻碍气体畅通。

2）第二个吸收二氧化碳的 U 形管做一次试验、其质量增加达 50mg 时，应更换第一个 U 形管中的二氧化碳吸收剂。

3）二氧化锰一般使用 50 次左右应进行检查或更换。

检查方法：将氧化氮指示胶装在玻璃管中，两端堵以棉花，接在除氮管后面。或将指示胶少许放在二氧化碳吸收管进气端棉花处。燃烧煤样，若指示胶由草绿色变成血红色，表示应更换二氧化锰。

上述 U 形管更换试剂后，通入氧气待质量恒定后方能使用。

（3）燃烧管的填充：

1）使用三节炉时，按图 2-7 填充。

首先制作三个长约 30mm 和一个长约 100mm 的丝直径约 0.5mm 的铜丝卷，直径稍小于燃烧管的内径，使之既能自由插入管内又与管壁密接。制成的铜丝卷应在马弗炉中于

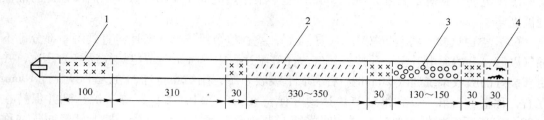

图 2-7 三节炉燃烧管填充示意图

1—铜丝卷；2—氧化铜；3—铬酸铅；4—银丝卷

800℃ 左右灼烧 1h 后再用。

燃烧管出气端留 50mm 空间，然后依次充填 30mm 丝直径约 0.25mm 银丝卷、30mm 铜丝卷、130~150mm（与第三节电炉长度相等）铬酸铅（使用石英管时，应用铜片把铬酸铅与管隔开）、30mm 铜丝卷、330~350mm（与第二节电炉长度相等）粒状或线状氧化铜、30mm 铜丝卷、310mm 空间（与第一节电炉上燃烧舟长度相等）和 100mm 铜丝卷。燃烧管两端装以橡皮帽或铜接头，以便分别同净化系统和吸收系统连接。橡皮帽使用前应预先在 105~110℃ 下干燥 8h 左右。燃烧管中的填充物（氧化铜、铬酸铅和银丝卷）经 70~100 次测定后应检查或更换。

注意：下列几种填充剂经处理后可重复使用：

氧化铜用 1mm 孔径筛子筛去粉末，筛上的氧化铜备用；铬酸铅可用热的稀碱液（约 5% 氢氧化钠溶液）浸渍，用水洗净，干燥，并在 500~600℃ 下灼烧 0.5h 以上后使用；银丝卷用浓氨水浸泡 5min，在蒸馏水中煮沸 5min，用蒸馏水冲洗干净，干燥后再用。

2）使用二节炉时，按图 2-8 填充。

首先制成两个长约 10mm 和一个长约 100mm 的铜丝卷，再用 3~4 层 100 目铜丝布剪成的圆形垫片与燃烧管密接，用以防止粉状高锰酸银热解产物被氧气流带出，然后按图 2-8 装好。

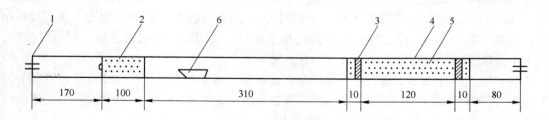

图 2-8 二节炉燃烧管填充示意图

1—橡皮帽；2—铜丝卷；3—铜丝布圆垫；4—保温套管；5—高锰酸银热解产物；6—瓷舟

（4）炉温的校正。将工作热电偶插入三节炉的热电偶孔内，使热端稍进入炉膛，热电偶与高温计连接。将炉温升至规定温度，保温 1h。然后将标准热电偶依次插到空燃烧管中对应于第一、第二、第三节炉的中心处（注意勿使热电偶和燃烧管管壁接触）。调节电压，使标准热电偶达到规定温度并恒温 5min。记下工作热电偶相应的读数，以后即以此为准控制温度。

（5）空白试验。将装置按图 2-6 连接好，检查整个系统的气密性，直到每一部分都不漏气以后，开始通电升温，并接通氧气。在升温过程中，将第一节电炉往返移动几次，并将新装好的吸收系统通气 20min 左右。取下吸收系统，用绒布擦净，在天平旁放置 10min 左右，称量。当第一节和第二节炉达到并保持在（800±10）℃，第三节炉达到并保持在（600±10）℃后开始做空白试验。此时将第一节炉移至紧靠第二节炉，接上已经通气并称量过的吸收系统。在一个燃烧舟上加入氧化铬（数量和煤样分析时相当）。打开橡皮帽，取出铜丝卷，将装有氧化铬的燃烧舟用镍铬丝推至第一节炉入口处，将铜丝卷放在燃烧舟后面，套紧橡皮帽，接通氧气，调节氧气流量为 120mL/min。移动第一节炉，使燃烧舟位于炉子中心。通气 23min，将炉子移回原位。2min 后取下 U 形管，用绒布擦净，在天平旁放置 10min 后称量。吸水 U 形管的质量增加数即为空白值。重复上述试验，直到连续两次所得空白值相差不超过 0.0010g，除氮管、二氧化碳吸收管最后一次质量变化不超过 0.0005g 为止。取两次空白值的平均值作为当天氢的空白值。

在做空白试验前，应先确定保温套管的位置，使出口端温度尽可能高又不会使橡皮帽热分解。如空白值不易达到稳定，则可适当调节保温管的位置。

学习活动 2　分析步骤

（1）将第一节和第二节炉温控制在（800±10）℃，第三节炉温控制在（600±10）℃，并使第一节炉紧靠第二节炉。

（2）在预先灼烧过的燃烧舟中称取粒度小于 0.2mm 的空气干燥煤样 0.2g，精确至 0.0002g，并均匀铺平。在煤样上铺一层三氧化二铬。可把燃烧舟暂存入专用的磨口玻璃管或不加干燥剂的干燥器中。

（3）接上已称量的吸收系统，并以 120mL/min 的流量通入氧气。关闭靠近燃烧管出口端的 U 形管，打开橡皮帽，取出铜丝卷，迅速将燃烧舟放入燃烧管中，使其前端刚好在第一节炉口。再将铜丝卷放在燃烧舟后面，套紧橡皮帽，立即开启 U 形管，通入氧气，并保持 120mL/min 的流量。1min 后向净化系统方向移动第一节炉，使燃烧舟的一半进入炉子。2min 后，使燃烧舟全部进入炉子。再过 2min，使燃烧舟位于炉子中心。保温 18min 后，把第一节炉移回原位。2min 后，停止排水抽气。关闭和拆下吸收系统，用绒布擦净，在天平旁放 10min 后称量（除氮管不称量）。

（4）也可使用二节炉进行碳、氢测定。此时第一节炉控温在（800±10）℃，第二节炉控温在（500±10）℃，并使第一节炉紧靠第二节炉。每次空白试验时间为 20min。燃烧舟位于炉子中心时，保温 13min，其他操作相同。

（5）为了检查测定装置是否可靠，可称取 0.2~0.3g 分析纯蔗糖或分析纯苯甲酸，加入 20~30mg 纯"硫华"进行 3 次以上碳、氢测定。测定时，应先将试剂放入第一节炉炉口，再升温，且移炉速度应放慢，以防标准有机试剂爆燃。如实测的碳、氢值与理论计算值的差值，氢不超过±0.10%，碳不超过±0.30%，并且无系统偏差，表明测定装置可用，否则须查明原因并彻底纠正后才能进行正式测定。如使用二节炉，则在第一节炉移至紧靠第二节炉 5min 以后，待炉口温度降至 100~200℃，再放有机试剂，并慢慢移炉，而不能采用上述降低炉温的方法。

学习活动 3　结果分析

空气干燥煤样的碳、氢含量（质量分数）按下式计算：

$$C_{ad} = \frac{0.2729 m_1}{m} \times 100$$

$$H_{ad} = \frac{0.1119(m_2 - m_3)}{m} \times 100 - 0.1119 M_{ad}$$

式中　C_{ad}——空气干燥煤样中碳的质量分数，%；

　　　H_{ad}——空气干燥煤样中氢的质量分数，%；

　　　m_1——吸收二氧化碳 U 形管的增重，g；

　　　m_2——吸收水分 U 形管的增重，g；

　　　m_3——水分空白值，g；

　　　m——煤样的质量，g；

　0.2729——将二氧化碳含量折算成碳含量的因数；

　0.1119——将水含量折算成碳含量的因数；

　　　M_{ad}——空气干燥煤样的水分（用质量分数表示），%。

当空气干燥煤样中碳酸盐二氧化碳含量大于 2% 时，则

$$C_{ad} = \frac{0.2729 m_1}{m} \times 100 - 0.2729 (CO_2)_{ad}$$

式中　$(CO_2)_{ad}$——空气干燥煤样中碳酸盐二氧化碳的质量分数，%。

碳、氢测定的重复性和再现性如下表规定。

项　目	重复性/%	再现性/%
C_{ad}	0.50	1.00
H_{ad}	0.15	0.25

学习情境 3　铝硅合金成分分析

学习任务 1　铝及铝合金概述

学习目标：（1）了解铝及铝合金的应用范围；

（2）了解铝合金的类型；

（3）了解铝合金中各种元素对其性能的影响。

学习活动 1　铝的基本特性与应用范围

铝是元素周期表中第三周期主族元素，原子序数为 13，相对原子质量为 26.9815。

铝具有一系列比其他有色金属、钢铁、塑料和木材等更优良的特性，如密度小，仅为 2.7g/cm³，约为铜或钢的 1/3；良好的耐蚀性和耐候性；良好的塑性和加工性能；良好的导热性和导电性；良好的耐低温性能，对光热电波的反射率高、表面性能好；无磁性；基本无毒；有吸音性；耐酸性好；抗核辐射性能好；弹性系数小；良好的力学性能；优良的铸造性能和焊接性能；良好的抗撞击性。此外，铝材的高温性能、成型性能、切削加工性、铆接性以及表面处理性能等也比较好。因此，铝材在航天、航海、航空、汽车、交通运输、桥梁、建筑、电子电气、能源动力、冶金化工、农业排灌、机械制造、包装防腐、电器家具、日用文体等各个领域都获得了十分广泛的应用，表 3-1 列出了铝的基本特性及主要应用领域。

表 3-1　铝的基本特性及主要应用领域

基 本 特 性	主 要 特 点	主要应用领域举例
质量小	铝的密度为 2.7g/cm³，约为铜或铁的 1/3；是轻量化的良好材料	用于制造飞机、航天器、轨道车辆、汽车、船舶、桥梁、高层建筑、重型机械部件和质量轻的容器等
强度好	铝的力学性能不如钢铁，但它的比强度高，可以添加铜、镁、锰、铬等合金元素，制成铝合金，再经热处理，而得到很高的强度；铝合金的强度比普通钢好，也可以和特殊钢媲美	用于制造桥梁（特别是吊桥、可动桥）、飞机、压力容器、集装箱、建筑结构材料、小五金等
加工容易	铝的延展性优良，易于挤出形状复杂的中空型材和适于拉伸加工及其他各种冷热塑性成型	受力结构部件框架，一般用品及各种容器、光学仪器及其他形状复杂的精密零件

续表 3-1

基 本 特 性	主 要 特 点	主要应用领域举例
美观、适于各种表面处理	铝及其合金的表面有氧化膜，呈银白色，相当美观；如果经过氧化处理，其表面的氧化膜更牢固，而且还可以用着色和喷涂等方法，制造出各种颜色和光泽的表面	建筑用壁板、器具装饰、装饰品、标牌、门窗、幕墙、汽车和飞机蒙皮、仪表外壳及室内外装修材料等
导热、导电性好	热导率、电导率仅次于铜，约为钢铁的 3~4 倍	电线、母线接头、锅、电饭锅、热交换器、汽车散热器、电子元件等
对光、热、电波的反射性好	对光的反射率，抛光铝为 70%，高纯度铝经过电解抛光后为 94%，比银（92%）还高；铝对热辐射和电波也有很好的反射性能	照明器具、反射镜、屋顶瓦板、抛物面天线、冷藏库、冷冻库、投光器、冷暖器的隔热材料
没有磁性	铝是非磁性体	船上用的罗盘、天线、操舵室的器具等
耐低温	铝在温度低时，它的强度反而增加而无脆性，因此它是理想的低温装置材料	冷藏库、冷冻库、南极雪上车辆、氧及氢的生产装置

学习活动 2 铝合金的分类

纯铝比较软，富有延展性，易于塑性成型。如果根据各种不同的用途，要求具有更高的强度和改善材料的组织和其他各种性能，可以在纯铝中添加各种合金元素，生产出满足各种性能和用途的铝合金。

铝合金可加工成板、带、条、箔、管、棒、型、线、自由锻件和模锻件等加工材（变形铝合金），也可加工成铸件、压铸件等铸造材（铸造铝合金）。

变形铝合金的分类方法很多，目前，世界上绝大部分国家通常按以下三种方法进行分类。

（1）按合金状态图及热处理特点分为可热处理强化铝合金（如：Al-Mg-Si、Al-Cu、Al-Zn-Mg 系合金）和不可热处理强化铝合金（如：纯铝、Al-Mn、Al-Mg、Al-Si 系合金）两大类。

（2）按合金性能和用途可分为：工业纯铝、光辉铝合金、切削铝合金、耐热铝合金、低强度铝合金、中强度铝合金、高强度铝合金（硬铝）、超高强度铝合金（超硬铝）、锻造铝合金及特殊铝合金等。

（3）按合金中所含主要元素成分可分为：工业纯铝（1×××系），Al-Cu 合金（2×××系），Al-Mn 合金（3×××系），Al-Si 合金（4×××系），Al-Mg 合金（5×××系），Al-Mg-Si 合金（6×××系），Al-Zn-Mg 合金（7×××系），Al-其他元素合金（8×××系）及备用合金组（9×××系），其分类见表 3-2。

这三种分类方法各有特点，有时相互交叉，相互补充。在工业生产中，大多数国家按第三种方法，即按合金中所含主要元素成分的 4 位数码法分类。这种分类方法能较本质地反映合金的基本性能，也便于编码、记忆和计算机管理。我国目前也采用 4 位数码法分类。

表 3-2　铝合金分类

铝及铝合金	变形铝合金	非热处理型合金	纯铝—1×××系，如 1000 合金
			Al-Mn 系合金—3×××系，如 3003 合金
			Al-Si 系合金—4×××系，如 4043 合金
			Al-Mg 系合金—5×××系，如 5083 合金
		热处理型合金	Al-Cu 系合金—2×××系，如 2024 合金
			Al-Mg-Si 系合金—6×××系，如 6063 合金
			Al-Zn-Mg 系合金—7×××系，如 7075 合金
			Al-其他元素—8×××系，如 8089 合金
	铸造铝合金	非热处理型合金	纯铝系
			Al-Si 系合金，如 ZL102 合金
			Al-Mg 系合金，如 ZL103 合金
		热处理型合金	Al-Cu-Si 系合金，如 ZL107 合金
			Al-Cu-Mg-Si 系合金，如 ZL110 合金
			Al-Mg-Si 系合金，如 ZL104 合金
			Al-Mg-Zn 系合金，如 ZL305 合金

学习活动 3　铝合金中各种主要元素起的作用

1. 合金元素的影响

（1）铜元素。Al-Cu 合金 548℃ 时，铜在铝中的最大溶解度为 5.65%，温度降到 302℃ 时，铜的溶解度为 0.45%。铜是重要的合金元素，有一定的固溶强化效果，此外，时效析出的 $CuAl_2$ 有着明显的时效强化效果。铝合金中铜含量通常在 2.5%~5%，铜含量在 4%~6.8% 时强化效果最好，所以大部分硬铝合金的含铜量处于这个范围。

铝铜合金中可以含有较少的硅、镁、锰、铬、锌、铁等元素。

（2）硅元素。Al-Si 合金在共晶温度 577℃ 时，硅在固溶体中的最大溶解度为 1.65%。尽管溶解度随温度降低而减少，但这类合金一般是不能热处理强化的。铝硅合金具有极好的铸造性能和抗蚀性。

若镁和硅同时加入铝中形成铝镁硅系合金，强化相为 Mg_2Si。镁和硅的质量比为 1.73∶1。设计 Al-Mg-Si 系合金成分时，基体上按此比例配置镁和硅的含量。有的 Al-Mg-Si 合金，为了提高强度，加入适量的铜，同时加入适量的铬以抵消铜对抗蚀性的不利影响。硅在铸造铝合金中随着硅含量的增加流动性也增加，达到 6% 时几乎不产生热裂性。硅在铸铝中降低了铸件的膨胀系数，提高铸件的耐磨性能。Mg_2Si 在铝中的最大溶解度为 1.85%，且随温度的降低而减速小。变形铝合金中，硅单独加入铝中只限于焊接材料，硅加入铝中亦有一定的强化作用。

（3）镁元素。Al-Mg 合金，尽管溶解度曲线表明，镁在铝中的溶解度随温度下降而大大地变小，但是在大部分工业用变形铝合金中，镁的含量均小于 6%，而硅含量也低，这类合金是不能热处理强化的，但是可焊性良好，抗蚀性也好，并有中等强度。

镁对铝的强化是明显的，每增加 1% 镁，抗拉强度大约升高 34MPa。如果加入 1% 以下的锰，可能补充强化作用。因此加锰后可降低镁含量，同时可降低热裂倾向，另外锰还可以使 Mg_5Al_8 化合物均匀沉淀，改善抗蚀性和焊接性能。

（4）锰元素。Al-Mn 合金，在共晶温度 658℃ 时，锰在固溶体中的最大溶解度为 1.82%。合金强度随溶解度增加不断增加，锰含量为 0.8% 时，伸长率达最大值。Al-Mn 合金是非时效硬化合金，即不可热处理强化。

锰能阻止铝合金的再结晶过程，提高再结晶温度，并能显著细化再结晶晶粒。再结晶晶粒的细化主要是通过 $MnAl_6$ 化合物弥散质点对再结晶晶粒长大起阻碍作用。$MnAl_6$ 的另一作用是能溶解杂质铁，形成（Fe、Mn）Al_6，减小铁的有害影响。

锰是铝合金的重要元素，可以单独加入形成 Al-Mn 二元合金，更多的是和其他合金元素一同加入，因此大多铝合金中均含有锰。

（5）锌元素。Al-Zn 合金，275℃ 时锌在铝中的溶解度为 31.6%，而在 125℃ 时其溶解度则下降到 5.6%。

锌单独加入铝中，在变形条件下对铝合金强度的提高十分有限，同时存在应力腐蚀开裂倾向，因而限制了它的应用。

在铝中同时加入锌和镁，形成强化相 Mg/Zn_2，对合金产生明显的强化作用。Mg/Zn_2 含量从 0.5% 提高到 12% 时，可明显增加抗拉强度和屈服强度。镁的含量超过形成 Mg/Zn_2 相所需超硬铝合金中锌和镁的比例控制在 2.7 左右时，应力腐蚀开裂抗力最大。

如在 Al-Zn-Mg 基础上加入铜元素，形成 Al-Zn-Mg-Cu 系合金，基强化效果在所有铝合金中最大，也是航天、航空工业、电力工业上重要的铝合金材料。

2. 微量元素的影响

（1）铁和硅。铁在 Al-Cu-Mg-Ni-Fe 系锻铝合金中，硅在 Al-Mg-Si 系锻铝中和在 Al-Si 系焊条及铝硅铸造合金中，均作为合金元素添加的，在其他铝合金中，硅和铁是常见的杂质元素，对合金性能有明显的影响。它们主要以 $FeCl_3$ 和游离硅存在。在硅大于铁时，形成 β-$FeSiAl_3$（或 $Fe_2Si_2Al_9$）相，而铁大于硅时，形成 α-Fe_2SiAl_8（或 $Fe_3Si_2Al_{12}$）。当铁和硅比例不当时，会引起铸件产生裂纹，铸铝中铁含量过高时会使铸件产生脆性。

（2）钛和硼。钛是铝合金中常用的添加元素，以 Al-Ti 或 Al-Ti-B 中间合金形式加入。钛与铝形成 $TiAl_2$ 相，成为结晶时的非自发核心，起细化铸造组织和焊缝组织的作用。Al-Ti 系合金产生包晶反应时，钛的临界含量约为 0.15%，如果有硼存在则减小到 0.01%。

（3）铬。铬是 Al-Mg-Si 系、Al-Mg-Zn 系、Al-Mg 系合金中常见的添加元素。600℃ 时，铬在铝中溶解度为 0.8%，室温时基本上不溶解。

铬在铝中形成（CrFe）Al_7 和（CrMn）Al_{12} 等金属间化合物，阻碍再结晶的形核和长大过程，对合金有一定的强化作用，还能改善合金韧性和降低应力腐蚀开裂敏感性。但会增加淬火敏感性，使阳极氧化膜呈黄色。

铬在铝合金中的添加量一般不超过 0.35%，并随合金中过渡元素的增加而降低。

（4）锶。锶是表面活性元素，在结晶学上锶能改变金属间化合物相的行为。因此，用锶元素进行变质处理能改善合金的塑性加工性和最终产品质量。由于锶的变质有效时间长、效果和再现性好等优点，近年来在 Al-Si 铸造合金中取代了钠的使用。对挤压用铝合金中加入 0.015%～0.03% 锶，使铸锭中 β-AlFeSi 相变成 α-AlFeSi 相，减少了铸锭均匀化时间 60%～70%，提高材料力学性能和塑性加工性；改善制品表面粗糙度。对于高硅（10%～13%）变形铝合金中加入 0.02%～0.07% 锶元素，可使初晶减少至最低限度，力学性能也显著提高，抗拉强度 σ_b 由 233MPa 提高到 236MPa，屈服强度 $\sigma_{0.2}$ 由 204MPa 提高到 210MPa，伸长率 δ_5 由 9% 增至 12%。在过共晶 Al-Si 合金中加入锶，能减小初晶硅粒子尺寸，改善塑性加工性能，可顺利地热轧和冷轧。

（5）锆元素。锆也是铝合金的常用添加剂。一般在铝合金中加入量为 0.1%～0.3%，锆和铝形成 $ZrAl_3$ 化合物，可阻碍再结晶过程，细化再结晶晶粒。锆亦能细化铸造组织，但比钛的效果小。有锆存在时，会降低钛和硼细化晶粒的效果。在 Al-Zn-Mg-Cu 系合金中，由于锆对淬火敏感性的影响比铬和锰的小，因此宜用锆来代替铬和锰细化再结晶组织。

（6）稀土元素。稀土元素加入铝合金中，使铝合金熔铸时增加成分过冷，细化晶粒，减少二次晶间距，减少合金中的气体和夹杂，并使夹杂相趋于球化。还可降低熔体表面张力，增加流动性，有利于浇注成锭，对工艺性能有着明显的影响。各种稀土加入量约为 0.1% 为好。混合稀土（La-Ce-Pr-Nd 等混合）的添加，使 Al-0.65%Mg-0.61%Si 合金时效 G 区形成的临界温度降低。含镁的铝合金，能激发稀土元素的变质作用。

3. 杂质元素的影响

在铝合金中有时还存在钒、钙、铅、锡、铋、锑、铍及钠等杂质元素。这些杂质元素由于熔点高低不一，结构不同，与铝形成的化合物亦不相同，因而对铝合金性能的影响各不一样。

钒在铝合金中形成 VAl_{11} 难熔化合物，在熔铸过程中起细化晶粒作用，但比钛和锆的作用小。钒也有细化再结晶组织，提高再结晶温度的作用。

钙在铝合金中固溶度极低，与铝形成 $CaAl_4$ 化合物。钙又是铝合金的超塑性元素，大约 5% 钙和 5% 锰的铝合金具有超塑性。钙和硅形成 CaSi，不溶于铝，由于减小了硅的固溶量，可稍微提高工业纯铝的导电性能。钙能改善铝合金切削性能。$CaSi_2$ 不能使铝合金热处理强化。微量钙有利于去除铝液中的氢。

铅、锡、铋是低熔点金属，它们在铝中固溶度不大，略降低合金强度，但能改善切削性能。铋在凝固过程中膨胀，对补缩有利。高镁合金中加入铋可防止"钠脆"。

锑主要用作铸造铝合金中的变质剂，变形铝合金很少使用。仅在 Al-Mg 变形铝合金中代替铋防止"钠脆"。锑元素加入某些 Al-Zn-Mg-Cu 系合金中，改善热压与冷压工艺性能。

铍在变形铝合金中可改善氧化膜的结构，减少熔铸时的烧损和夹杂。铍是有毒元素，能使人产生过敏性中毒。因此，接触食品和饮料的铝合金中不能含有铍。焊接材料中的铍含量通常控制在 8μg/mL 以下。用作焊接基体的铝合金也应控制铍的含量。

钠在铝中几乎不溶解，最大固溶度小于 0.0025%，钠的熔点低（97.8℃），合金中存在钠时，在凝固过程中吸附在枝晶表面或晶界，热加工时，晶界上的钠形成液态吸附层，产生脆性开裂时，形成 NaAlSi 化合物，无游离钠存在，不产生"钠脆"。当镁含量超 2% 时，镁夺取硅，析出游离钠，产生"钠脆"。因此，高镁铝合金不允许使用钠盐熔剂。防止"钠脆"的方法有氯化法，使钠形成 NaCl 排入渣中，加铋使之生成 Na_2Bi 进入金属基体；加锑生成 Na_3Sb 或加入稀土亦可起到相同的作用。

学习任务 2 粉煤灰提取铝硅合金

学习目标：（1）了解粉煤灰提取铝硅合金的必要性；

（2）了解铝硅合金的应用；

（3）了解粉煤灰提取铝硅合金的工艺。

学习活动 1 粉煤灰提取铝硅合金的必要性

粉煤灰是一种火山灰质材料，来源于煤中无机组分，而煤中无机组分以黏土矿物为主，另外有少量黄铁矿、方解石、石英等矿物。因此，粉煤灰化学成分以二氧化硅和三氧化二铝为主（氧化硅含量在 48% 左右，氧化铝含量在 30% ~ 50% 左右），其他成分为三氧化二铁、氧化钙、氧化镁、氧化钾、氧化钠、三氧化硫及未燃尽有机质（烧失量）。硅铝合金是铝和硅铁的中间合金，它已代替纯铝和硅铁作为炼钢的终脱氧剂。由于硅铝合金的密度、熔点都比纯铝高，同时，硅铝铁又能降低铝的氧化压，故作为炼钢终脱氧剂，可提高铝的回收率。硅铝合金具有强度高、耐热耐磨性能好、线膨胀系数小、铸造性能好等特点，广泛应用于汽车制造业、航空工业、电气工业和船舶工业。

粉煤灰的综合利用是一个技术含量高、市场潜力大、具有广阔市场前景、集环保与资源再生利用为一体的很有发展前途的新兴产业。国内目前对粉煤灰的综合利用，主要是进行制砖、回填、铺垫道路、分选漂珠、生产水泥等方面的利用。通过化验分析，许多粉煤中含有大量的 Al_2O_3 和 SiO_2，如果利用粉煤灰提取铝硅合金，无疑是治理粉煤灰污染、改善环境的一种新途径，也给冶金行业开辟了铝硅合金的新来源。对电厂来讲，粉煤灰的利用有了新的途径并使企业的经济效益有了新的增长；从矿产资源方面来看，粉煤灰提取铝硅合金无疑等于新增添了许多铝、硅矿山，缓解了铝硅原料的紧张局面，从而能够更好地利用废弃物替代原生矿物，真正体现了"没有无用的垃圾，只有错放的资源"这句至理名言，是"循环经济"的最好体现。

根据内蒙古托克托电厂粉煤灰提取硅铝合金、硅铝钡合金项目生产情况，每生产 1t 硅铝合金可以消耗掉粉煤灰 1.5t，可以有效充分利用粉煤灰内富含的硅、铝等元素，最大限度地利用资源。同时，与当前粉煤灰用于生产建材、建筑工程（含筑坝）、筑路、回填（包括结构回填、建筑回填，填低洼地和荒地，充填矿井、煤矿塌陷区、建材厂取土坑、海涂等）、改良土壤、生产复合肥料、灰场复土造地、灰场种植、粉煤灰充填料等相比较，从粉煤灰中提取硅、铝等有用物质，所产生的经济效益和社会效益更加显著。

学习活动 2 铝硅合金市场需求

铝硅合金质轻而坚韧，具有强度高、耐热耐磨性能好、线膨胀系数小、铸造性能好等特点，适用于铸造形状复杂、要求高强度、高耐腐蚀性、高气密性的铝合金铸件和压铸铝合金铸件，一般用于汽车、拖拉机、船舶、飞机、火箭及内燃机车零件以及医疗器械、仪器零件、日用品、装饰用品等汽车制造业、航空工业、电气工业和船舶行业或领域，铝硅合金在高温时还原性很强，可用于冶炼高熔点金属，如铬、锰、钼、钒等。铝硅合金可以作高质量的炼钢脱氧剂，也可以作热法炼镁的高效还原剂，还可以加铝稀释成各种牌号的铸造铝硅合金、压铸铝硅合金等。铸造铝硅合金主要应用在汽车、轮船、火车内燃机车等工业。铸造铝硅合金还是配制铝型材合金的中间合金。另外，铝硅合金还是制造泡沫铝材料的主要原料。目前，市场上的铝硅合金大都是用金属铝和金属硅经重熔、对掺制得的，生产成本较高。目前，在炼钢行业由于硅合金供应不足，加之由传统工艺生产的硅铝合金生产成本高，国内大部分钢铁企业不得不降级要求用生产效果不理想的硅铁合金代替硅铝合金。内蒙古托克托电厂运用本工艺生产的硅铝合金在杭州钢铁股份有限公司生产中使用效果非常明显，产品供不应求。另外，铝硅合金的市场容量很大，全国年需炼钢脱氧铝硅合金、压力铸造铝硅合金及各种型号的铸造铝硅合金近百万吨，随着汽车工业的发展，市场需求量越来越大。

硅铝钡合金是具有较高活性的合金。利用硅铝钡铁合金脱氧，能够改变夹杂物形态，提高钢材的力学性能及合格率，降低冶炼成本。在炼钢中加入可减少烟和火焰的发生，改变钢中非金属夹杂物的性质与分布，改善金属的切削加工性能，用于铸造生产，表现出较好的抗衰退性和减少断面的敏感性，是铸铁生产中一种长效、高效的孕育剂。使用硅钡合金，较使用纯铝、硅铁、硅钙及其他单一合金效果更好，更经济。硅铝钡合金用于铁合金生产也十分有利，有较高的经济效益和广泛的应用前景。

学习活动 3　粉煤灰提取铝硅合金工艺

目前，我国有两种生产铝硅合金的方法：第一种方法是用纯铝、纯硅熔炼后掺兑成硅铝合金，就是用电解法生产的金属铝和工业硅作原料，经过重新熔炼，按比例混合熔融制得。这样从矿石到铝硅合金成品要经过氧化铝厂、电解铝厂、工业硅厂、铝合金厂等多个企业、多道工序才能完成，生产流程长，工艺复杂，能耗高，成本高，在整个制造生产过程中，建厂周期长，投入资金多，对环境影响大；第二种方法是用高品位的铝土矿在矿热炉中炼成铝硅合金，由于生产所用的高品位的铝土矿稀缺且价格昂贵，导致原料紧张，成本高；因此，上述两种方法生产的铝硅合金价格居高不下，迫使钢铁冶炼企业在炼钢时只得以硅铁来代替铝硅合金作脱氧剂，致使钢的质量有所下降。如果在冶炼时使用铝硅合金，就可以减少钢产生气泡的敏感性，从而提高钢的质量。

粉煤灰提取铝硅合金就是依据粉煤灰中含有大量的 Al_2O_3 和 SiO_2，将粉煤灰与添加剂、还原剂、黏结剂按比例进行混合搅拌后制成高强度的球团，通过矿热炉进行冶炼还原，制得粗铝硅合金，再经精炼炉，通过添加精炼剂、精炼除渣、铸锭工序，就可制得铝含量很高的铝硅合金。

学习任务 3　钼蓝光度法测定铝硅铁合金中硅的含量

学习目标：（1）掌握钼蓝光度法测定硅含量的方法；
　　　　　　（2）掌握处理铝硅铁合金试样的方法。

方法提要：试料以氢氧化钠和过氧化氢溶解，用硝酸和盐酸酸化。用钼酸盐使硅形成硅钼黄络合物（pH＝0.9）用硫酸提高酸度，以 1-氨基-2-萘酚-4-磺酸或坏血酸为还原剂，使硅形成硅钼蓝络合物。于分光光度计 660nm 处测其吸光度。

学习活动 1　试验准备

1. 试样的制备

试样可用合金钢钻头钻取后，并用玛瑙研钵研磨或用磨样机研磨至全部通过 160 目筛（筛孔尺寸为 0.095mm）。

2. 仪器准备

比色皿、容量瓶、电子天平、洗耳球、玻璃烧杯、铁架台、量筒、锥形瓶、吸量管、电热板、水浴锅。

3. 试剂和材料准备

（1）硝酸（1+1）：将密度为 1.4g/cm³ 的硝酸在不断搅拌下倒入等体积的水中。

（2）氢氟酸：$\rho = 1.15$g/mL。

（3）硼酸饱和溶液：将硼酸晶体加入水中，用玻璃棒不断搅拌，直到硼酸不再溶解，倒出上层溶液即为硼酸饱和溶液。

（4）5% 钼酸铵溶液：称取 5g 钼酸铵，加入 95mL 水。

（5）草硫混合酸：称取草酸 25g，硫酸 25mL，加水定容到 1000mL。

（6）6% 硫酸亚铁铵：将 50mL 浓硫酸加入到约 800mL 蒸馏水中，冷却后再溶入 40g 硫酸亚铁铵，定容到 1000mL。

学习活动 2　分析步骤

称取 0.1000g 试样于 200mL 塑料杯中，以少许水润湿试样，加入预热至近沸的 25mL 硝酸（1+1），加氢氟酸 30 滴，摇动均匀，置于近沸的水浴中保温 3min，取下，加 30mL 饱和硼酸溶液，摇匀放置 2min，流水冷却至室温，移入 250mL 容量瓶中，以水稀释至刻度摇匀。

移取 1mL 母液于 50mL 容量瓶中，加 4mL 钼酸铵溶液，置于沸水浴中加热 30s，取下，以流水冷却至室温，加草硫混合酸 25mL，硫酸亚铁铵溶液 5mL，以水稀释至刻度摇匀，1cm 比色皿，以水为参比液，于波长 660nm 处测定其吸光度，从工作曲线上求得硅的百分含量。

称取含硅量不同的硅铝铁合金标样 3 ~ 5 个，按上述试验方法同样操作显色，测定其吸光度值并绘制工作曲线。

学习活动 3　结果分析

硅含量（质量分数）X（%）按下式计算：

$$X = \frac{m \times 10^{-3}}{m_0 \times \dfrac{V_1}{V}} \times 100$$

式中　m——自标准曲线中查得的硅的毫克数；

m_0——试样的质量，g；

V_1——移取试样的体积，mL；

V——试液的总体积，mL。

允许误差：同一试样两次测定结果允许误差见下表。

含量/%	允许平均相对误差/%	允许绝对误差/%
≥0.30	30	—
<0.30	—	0.03

学习任务 4　重量法测定铝硅铁合金中硅的含量

学习目标：（1）掌握重量法测定硅含量的方法；

　　　　　　（2）掌握处理铝硅铁合金试样的方法。

方法提要：试样以氢氧化钠溶解，用高氯酸酸化并脱水。过滤、烘干、灼烧并称量二氧化硅。用氢氟酸挥发硅，称量残渣。根据两者之差测定硅量。

学习活动 1　试验准备

1. 试样的制备

试样可用合金钢钻头钻取后，并用玛瑙研钵研磨或用磨样机研磨至全部通过 160 目筛。

2. 仪器准备

高温炉（额定温度 0~1100℃）、容量瓶、电子天平、洗耳球、玻璃烧杯、铁架台、量筒、锥形瓶、吸量管、电热板、银皿。

3. 试剂和材料准备

（1）氢氧化钠（聚乙烯瓶装）。

（2）高氯酸：$\rho = 1.67\text{g/mL}$。

（3）氢溴酸：$\rho = 1.49\text{g/mL}$。

（4）硝酸：$\rho = 1.42\text{g/mL}$。

（5）氢氟酸：$\rho = 1.14\text{g/mL}$。

（6）高氯酸（1+2）：1 份密度为 1.67g/cm^3 的高氯酸与 2 份水混合。

（7）盐酸（1+19）：1 份密度为 1.19g/cm^3 的盐酸与 19 份水混合。

（8）硫酸（1+1）：将密度为 1.84g/cm^3 的硫酸在不断搅拌下慢慢倒入等体积的水中（必要时应在冷水浴中进行）。

（9）氢氧化钠溶液：称取 50g 氢氧化钠溶于水，定容到 1000mL（存贮于聚乙烯瓶中）。

（10）6%过氧化氢：1 体积的 30%的双氧水与 4 体积的水混合。

（11）溴水（饱和溶液）。

学习活动 2　分析步骤

1. 试样

按表 3-3 称取试样，精确至 0.0001g。对于过共晶的铝-硅合金应按粗细颗粒的比例称取试样。

表 3-3

硅的质量分数/%	试样/g	氢氧化钠量/g	溶解试料加入的水的体积/mL	硝酸体积/mL	高氯酸体积/mL	加入水的体积/mL
0.30~3.00	2.0000	8	15	5	60	30
>3.00~7.00	1.0000	6	10	5	45	20
>7.00	0.5000~1.0000	10	20	5	60	30

对于硅的质量分数大于 3%或镁的质量分数大于 2%的铝合金，按表 3-4 称取试样，精确至 0.0001。

表 3-4

硅的质量分数/%	试样/g	氢氧化钠溶液体积/mL	氢氧化钠量/g	硝酸体积/mL	高氯酸体积/mL	加入水的体积/mL
>3.00~7.00	1.0000	30	4.5	5	45	20
>7.00	0.5000~1.0000	30	8.5	5	60	30

对于含锡或锑的铝合金，按表 3-5 称取试样，精确至 0.0001g。

表 3-5

硅的质量分数/%	硅或锑的质量分数/%	试样/g	溶解试料		高氯酸体积/mL	加入水的体积/mL	氢溴酸体积/mL	溴水体积/mL
			氢氧化钠量/g	加入水的体积/mL				
0.30~3.00	<6.00	2.0000	8	15	80	30	15	10
>3.00~7.00	6.00~20.0	2.0000	8	15	80	30	30	10
	≤6.00	1.0000	6	10	80	30	10	10
>7.00	≤1.00	0.5000~1.0000	10	20	80	30	10	10

2. 测定

（1）将试料（表 3-3）置于 250mL 镍或银皿中，盖上镍或银表皿，按表 3-3 加入氢氧化钠和水（小心分次加入）。待试料完成溶解，用尽量少的热水洗涤皿盖和皿壁，蒸发至糊状（防止溅出），冷却。滴加 5~6mL 过氧化氢进行重复处理，稍冷却。

对于硅的质量分数大于 3%或镁的质量分数大于 2%的铝合金：将试料（表 3-4）置于 250mL 镍或银皿中，盖上镍或银表皿。按表 3-4 加入氢氧化钠溶液，待剧烈反应后，按表 3-4 加入氢氧化钠，加热至完全溶解。用尽量少的热水洗涤表皿和皿壁，蒸发至糊状（防止溅出），冷却。滴加 5~6mL 过氧化氢进行重复处理，稍冷却。

（2）加入 100mL 热水并冲洗皿壁，煮沸至盐类溶解，冷却。移入按表 3-3 盛有硝酸、高氯酸和水的瓷蒸发皿中，用总量约 10mL 高氯酸分次淋洗粘附于皿壁和皿盖上的微粒（必要时可用带橡皮头的玻璃棒擦下）。用热水洗涤，将洗涤液合并于主液中。

（3）用玻璃棒搅拌，若试液呈棕色，可加入数滴过氧化氢。加热蒸发至有大量高氯酸烟冒出。溶液开始有晶体析出（当冒高氯酸烟 15~20min 时），冷却。用热水溶解，按试料量将试液的体积稀释至约为 200mL（0.5~1g 试料）或 400mL（2g 试料）。用玻璃棒仔细搅拌，加热使盐类完全溶解，加数滴过氧化氢使已析出的二氧化锰溶解。

对于含锡或锑的铝合金：根据硅、锡（或锑）的含量将试料（表 3-5）置于 250mL 镍或银皿中，盖上镍或银表皿，按表 3-5 加入氢氧化钠和水（小心分次加入），待剧烈反应后，加热至完全溶解。用尽量少的热水洗涤表皿和皿壁，蒸发至糊状（防止溅出），冷却。滴加 5~6mL 过氧化氢并再加热蒸发至糊状；如有必要，可用过氧化氢进行重复处理，稍冷却。

加入 100mL 热水并冲洗皿壁，煮沸至盐类溶解，冷却。移入按表 3-5 盛有高氯酸和水瓷蒸发皿中，仔细用热水洗涤皿和皿盖，用总量约 10mL 高氯酸分次淋洗粘附于皿和皿盖上的微粒（必要时可用带橡皮头的玻璃棒擦下）。用热水洗涤，将洗涤液合并于主液中。用玻璃棒搅拌，若试液呈棕色，可加入数滴过氧化氢。煮沸数分钟，然后于通风橱内，按表 3-5 中的试料量及锡（或锑）的质量分数，小心地分次少量加入溴水和氢溴酸（见表 3-5）。逐渐升高温度将试液浓缩至有大量高氯酸白烟冒出。再继续冒烟 5min 盖上表皿继续加热 20min，冷却。用热水溶解并稀释体积约为 200mL（0.5~1g 试料）或 400mL（2g 试料）。用玻璃棒仔细搅拌，加热使盐类完全溶解，若有二氧化锰析出，可加数滴过氧化氢溶解。

（4）用玻璃棒搅拌时，硅酸的微粒成悬浮状态。用中速定量滤纸过滤，用热盐酸洗涤滤纸 5~6 次，再以沸水充分洗涤至无高氯酸。将滤液和洗涤液收集于烧杯中。

（5）将收集的滤纸和洗涤液移入原瓷蒸发皿中，加热蒸发至有大量高氯酸烟冒出，继续冒烟 15~20min，冷却。用热水溶解，将试液的体积稀释约为 200mL，用另一张中速定量滤纸过滤，用热盐酸洗涤滤纸 5~6 次，再以沸水充分洗涤至中性，收集粘附于瓷蒸发皿上的少量硅酸。

（6）将两张滤纸连同沉淀置于已恒重的铂坩埚中。与 500~600℃ 小心灰化完全（勿使滤纸燃着）。在高温炉中于 1100~1150℃ 灼烧 1h 置于干燥器中冷却，称量。重复灼烧至恒重。

（7）于铂坩埚中，加入 1~2mL 硫酸和 3~5mL 氢氟酸，蒸发至干（必要时重复使用氢氟酸处理），在高温炉中于 1000℃ 灼烧至恒量。

注意：加入足量的硫酸是必要的，因为可以防止钛、锆存在时的部分挥发。

学习活动 3　结果分析

按下式计算硅的质量分数：

$$w(\mathrm{Si}) = \frac{[(m_1 - m_2) - (m_3 - m_4)] \times 0.4675}{m_0} \times 100\%$$

式中　m_1——挥发二氧化硅前铂坩埚和试料中二氧化硅的质量，g；

　　　m_2——挥发二氧化硅后铂坩埚和残渣的质量，g；

　　　m_3——挥发二氧化硅前铂坩埚和空白试验中二氧化硅的质量，g；

　　　m_4——挥发二氧化硅前铂坩埚和空白试验中残渣的质量，g；

　　　m_0——试料的质量，g；

0.4675——二氧化硅换算为硅的系数。

允许误差：同一试样两次测定结果允许误差见下表。

硅的质量分数/%	允许误差/%
0.30~0.50	0.03
>0.50~0.75	0.04
>0.75~1.00	0.05
>1.00~2.00	0.10
>2.00~3.00	0.15
>3.00~4.00	0.20
>4.00~5.00	0.25
>5.00~7.50	0.30
>7.50~10.00	0.35
>10.00~15.00	0.40
>15.00~25.00	0.50

学习任务5　EDTA滴定法测定铝硅铁合金中铝的含量

学习目标：（1）掌握EDTA法测定铝含量的方法；

　　　　　　（2）掌握处理铝硅铁合金试样的方法。

方法提要： 加高氯酸加热冒烟除去硅和氟，消除干扰，加过量的EDTA标准溶液与铝络合，用锌标准溶液滴定过量的EDTA标准溶液，加入氟化铵释放出与铝络合的EDTA，再用锌标准溶液滴定，求得铝含量。

学习活动1　试验准备

1. 试样的制备

试样可用合金钢钻头钻取后，并用玛瑙研钵研磨或用磨样机研磨至全部通过160目筛。

2. 仪器准备

玻璃棒、容量瓶、电子天平、洗耳球、玻璃烧杯、滴定台、铁架台、量筒、锥形瓶、吸量管、电热板、恒温干燥箱。

3. 试剂和材料准备

（1）硝酸（1+1）：将密度为 1.42g/cm³ 的硝酸在不断搅拌下倒入等体积的水中。

（2）氢氟酸：$\rho = 1.15\text{g/mL}$。

（3）饱和硼酸溶液：将硼酸晶体加入水中，用玻璃棒不断搅拌，直到硼酸不再溶解，倒出上层溶液即为硼酸饱和溶液。

（4）高氯酸：$\rho = 1.67\text{g/mL}$。

（5）盐酸（1+1）：1 份密度为 1.19g/cm³ 的盐酸与 1 份水混合。

（6）0.05mol/L EDTA 标准溶液：3.7g 乙二胺四乙酸二钠溶于 200mL 水中，稀释至 1L。

（7）0.25% 对硝基酚溶液：称取 0.25g 对硝基酚溶于 100mL 蒸馏水中，转移入滴瓶中，贴标签备用。

（8）氨水（1+1）：密度为 0.9g/cm³ 的氨水与水等体积混合。

（9）0.5% 二甲酚橙指示剂：0.5g 二甲酚橙溶于 100mL 水中。

（10）锌标准溶液 0.02mol/L，称取 1.3076g 纯锌（含锌 99.99%），加 20mL 盐酸（1+1），低温加热溶解后，加 200mL 水，用氨水（1+1）及盐酸（1+1）调节酸度至刚果红试纸由蓝色变为紫红色（此时 pH=4 左右），冷却，移入 1000mL 容量瓶中，以水稀释至刻度，摇匀。

（11）20% 六次甲基四铵溶液：称取 40g 六次甲基甲胺加 100mL 水和 10mL 浓盐酸使之溶解并摇匀。

（12）氟化铵固体。

学习活动 2　分析步骤

移取 50mL 母液于 300mL 锥形瓶中，加 6mL 高氯酸，加热蒸发冒白烟至近干，取下稍冷却，加 8mL 盐酸（1+1），加热使盐类溶解后，加 80mL 水，加入适量的 EDTA 标准溶液（视含铝量而定），并过量 5~10mL。加对硝基酚溶液 3 滴，用氨水（1+1）中和至亮黄色，再用盐酸调节至无色并过量 4 滴，加入 5mL 六次甲基四铵溶液，加热煮沸 3min，取下，冷却至室温，二甲酚橙指示剂 3 滴，用 0.02mol/L 锌标准溶液滴定至由橙红色变为紫红色（不计量）。加 2g 氟化铵，加热煮沸 2min，取下冷却至室温，补加二甲酚橙指示剂 2 滴，再以 0.02mol/L 锌标准溶液滴定至紫红色为终点。

学习活动 3　结果分析

按下式计算铝的含量（质量分数）：

$$w(\text{Al}) = \frac{c \times V \times 0.02698 \times 50}{m \times 250} \times 100\%$$

式中　c——锌标准溶液的浓度，mol/L；

　　　V——滴定释放出 EDTA 所消耗锌标准溶液的体积，mL；

0.02698——铝的摩尔质量，g/mol；

　　　m——试样的质量，g。

学习任务 6　重铬酸钾滴定法测定铝硅铁合金中铁的含量

学习目标：（1）掌握重铬酸钾法测定铁含量的方法；

（2）掌握处理铝硅铁合金试样的方法。

方法提要：采用 $TiCl_3$ - $K_2Cr_2O_7$，试样用浓 HCl 溶解，先用还原性较强的 $SnCl_2$ 还原大部分 Fe^{3+}，然后用 Na_2WO_4 为指示剂，用还原性较弱的 $TiCl_3$ 还原剩余的 Fe^{3+}，过量的一滴 $TiCl_3$ 立即将作为指示剂的六价钨由无色还原为蓝色的五价钨化合物，使溶液呈蓝色，然后用少量 $K_2Cr_2O_7$ 溶液将过量 $TiCl_3$ 氧化，并使钨蓝被氧化而消失。随后，以二苯胺磺酸钠作为指示剂，用 $K_2Cr_2O_7$ 标准溶液滴定试液中 Fe^{2+}，便测得铁含量。

学习活动 1　试验准备

1. 试样的制备

试样可用合金钢钻头钻取后，并用玛瑙研钵研磨或用磨样机研磨至全部通过 160 目筛。

2. 仪器准备

电炉、玻璃棒、容量瓶、电子天平、洗耳球、玻璃烧杯、滴定台、铁架台、量筒、锥形瓶、吸量管、电热板、恒温干燥箱。

3. 试剂和材料准备

（1）氢氟酸：$\rho = 1.15g/mL$。

（2）硫磷混合酸：于 700mL 水中小心加入 150mL 硫酸，冷却后，再加入 150mL 磷酸，摇匀。

（3）盐酸：$\rho = 1.19g/mL$。

（4）10%氯化亚锡溶液：称取 6g 氯化亚锡溶液于 20mL 盐酸中，用水稀释至 100mL，混匀。

（5）三氯化钛溶液（1+19）：移取三氯化钛溶液（15%~20%）1 份，加 19 份盐酸（1+9），混匀。

（6）钨酸钠溶液 25%：称取 25g 钨酸钠溶解于 50mL 水中，加 5mL 磷酸，用水稀释至 100mL，混匀。

（7）重铬酸钾标准溶液（0.008333mol/L）：称取 2.4515g 预先在 150℃烘干 1h 的重铬酸钾（基准物质）溶解于水中，移入 1000mL 容量瓶中，以水稀释至刻度，摇匀。

（8）0.5%二苯胺磺酸钠指示剂：0.5g 二苯胺磺酸钠溶于 100mL 水中。

学习活动 2　分析步骤

称取 0.2000g 试样于 500mL 锥形瓶中，加 25mL 硫磷混合酸，摇动锥形瓶使试样散开，加氢氟酸 0.5mL，在电炉上加热溶解，加热过程中不断摇动，加热至冒硫酸烟离开瓶底约 5cm，取下冷却。用少量水冲洗瓶壁，加 12mL 盐酸，加热至沸，趁热滴加氯化亚锡溶液还原至淡黄色，加约 100mL 去离子水（此时试液温度控制在 50~60℃，温度高时可用流水冷却），然后加 10 滴钨酸钠指示剂，用三氯化钛溶液还原至溶液呈蓝色，再缓慢滴加重铬酸钾溶液氧化过量的三氯化钛至钨蓝色刚好消失，以流水冷却至室温，加 40mL 水，滴加二苯胺磺酸钠指示剂 4 滴，用重铬酸钾标准溶液滴定至呈稳定的紫红色为终点。

学习活动 3　结果分析

按下式计算铁的含量（质量分数）：

$$w(\text{Fe}) = \frac{0.0027925 \times V}{m} \times 100\%$$

式中　0.0027925——1mL 0.008333mol/L 重铬酸钾标准溶液相当于铁量，g；

　　　　V——滴定铁时消耗重铬酸钾标准溶液的体积，mL；

　　　　m——试样的质量，g。

学习情境 4　铝电解质分子比测定

学习任务 1　铝电解基本知识

学习目标: (1) 了解铝电解基本原理;
(2) 掌握铝电解质及其性质;
(3) 了解铝电解生产原辅材料。

学习活动 1　铝电解基本原理

电解是指借直流电的作用,在阴阳极两极上实现电化学反应的过程。也就是说,当直流电通过电解质时,电解质的某种成分在电极上分离出来,这种现象称为电解。更简单地说,电解是由化合物经电离放电到变成原子的过程。

根据法拉第定律指出,对任何物质,通过 96485C(即 26.8A·h)应析出 1g 当量铝(即 8.9938g),那么通过 1A·h,应析出 0.3356g 铝。因此,铝的电化学当量是在电解质通过 1A·h 电量时,理论上应析出 0.3356g 铝。

在铝电解生产中用法拉第定律计算理论产量时,其公式如下:

$$M = K \times I \times T$$

式中　M——理论产铝量,g;

K——铝的电化学当量,g/(A·h);

I——通过的电流,A;

T——通过的时间,h。

铝电解生产的电流效率是指铝电解过程中,原铝实际产量与原铝理论析出量的百分比(%)。用公式表示为:

$$电流效率 = \frac{M(原铝实际产量)}{M(原铝理论产量)} \times 100\% = \frac{M(实)}{0.3356 \times I \times T \times 10} \times 100\%$$

由于铝电解过程中,在两极上发生二次反应、铝的溶解损失、钠离子的析出、碳化铝的生成、电流的损失和电流的空耗、及其他机械损失等因素的影响,实际上,在阴极上所得到金属铝的数量远低于理论上应得到的数量,所以电流效率应小于 100%,而一般在 86%~96% 之间。

铝电解生产所需的大宗原材料大致可分为三大类:

(1) 原料——氧化铝。

(2) 熔剂——氟化盐(包括冰晶石、氟化铝、氟化钠、氟化钙、氟化镁、氟化锂等)。

(3) 阳极材料——阳极糊或预焙炭块。

氧化铝是铝电解生产过程的主要原料,其熔点很高(2050℃),不易直接熔化提炼铝。

但是，固体氧化铝可以部分地溶解在熔点较低的冰晶石熔融液中，形成均匀熔体，并且此熔体具有良好的导电性，这使得铝的电解冶炼能在低于氧化铝熔点较多的条件下得以实现。固体氧化铝溶解在熔融冰晶石熔体中，当通入直流电后，即在两极上发生电化学反应，在阳极上得到气态物质，阴极上得到液态铝，其过程为：

$$溶解的氧化铝 \longrightarrow 液态铝（阴极）+气态物质（阳极）$$

生产 1t 金属铝，理论上需要氧化铝 1889kg，但实际上则需 1925～1940kg。

铝的工业生产全部采用炭阳极，随着电解过程的进行，炭阳极参与电化学反应，生成碳的化合物——二氧化碳（CO_2），反应式为：

$$2Al_2O_3+1.5C \xrightarrow[960℃]{直流电，溶解、电离} 2Al+1.5CO_2$$

在阴极上：
$$Al^{3+}（络合物）+6e \longrightarrow 2Al（液）$$

在阳极上：
$$O^{2-}（络合状）+ C（固）-4e \longrightarrow CO_2（气）$$

上述反应过程是当今铝生产的基本原理。随着反应不断进行，电解质熔体中的氧化铝和固体炭阳极不断被消耗掉，生产中需不断向电解质熔体中添加氧化铝和补充炭阳极，使生产得以连续进行。冰晶石在理论上不消耗，但在高温熔融状态下会发生挥发损失和其他机械损失，因此，电解过程中也需作一定的补充。除此之外，反应过程中还需供给大量的直流电能（约为 13000～15000kW·h/t-Al）以推动反应向生成铝的方向进行。

学习活动 2　铝电解质及其性质

1. 电解质的组成

在铝电解生产过程中，连接阳极和阴极之间的熔盐体称为电解质。更确切地说，熔盐电解质是以冰晶石为熔剂，氧化铝为熔质，组成的冰晶石-氧化铝熔体为主，其他氟化盐为添加剂，这种熔融体称为电解质。

2. 熔剂的特性

在电解过程中，液体电解质是保证电解过程能够进行的重要条件之一。液体电解质即指冰晶石-氧化铝均匀熔融体，其主要成分是冰晶石（占 85% 左右）。冰晶石的化学式为 Na_3AlF_6（或 $3NaF·AlF_3$）。

冰晶石中所含氟化钠物质的量与氟化铝物质的量之比，称为冰晶石的摩尔比（俗称分子比），其表达式为：

$$冰晶石的摩尔比（分子比）= \frac{冰晶石中的氟化钠（NaF）的物质的量}{冰晶石中的氟化铝（AlF_3）的物质的量}$$

摩尔比等于 3 的冰晶石称为中性冰晶石，冰晶石的摩尔比既可大于 3，也可小于 3，大于 3 的称为碱性冰晶石，小于 3 的称为酸性冰晶石。

工业上也将冰晶石中氟化钠与氟化铝的组成比用质量比表示，在比值上，摩尔比是质量比的 2 倍，如摩尔比等于 3 的冰晶石，其质量比等于 1.5。

摩尔比等于 3 的冰晶石形成的电解质称为中性电解质，摩尔比大于 3 的冰晶石形成的电解质称为碱性电解质，摩尔比小于 3 的冰晶石形成的电解质称为酸性电解质。目前铝工业上均采用酸性电解质生产。

3. 初晶温度

初晶温度是指液体开始形成固态晶体的温度。固态晶体开始熔化的温度称为该晶体的熔点。初晶温度与熔点的物理意义不同，但在数值上相等。

冰晶石-氧化铝均匀熔体电解质其初晶温度随氧化铝含量增多而降低。电解质的摩尔比（分子比）降低，其初晶温度也随之降低，但氧化铝的溶解量也会降低。

电解生产中需要电解质的初晶温度越低越好，这样可以降低工作温度（工作温度一般控制在初晶温度以上 10~20℃ 范围）。工作温度越低，减少设备变形，延长设备使用寿命，工人劳动环境改善，电解质挥发损失小。另外，更重要的一点是，电解过程中电流效率随电解温度降低而提高，既可以降低电能消耗，又可以增加产量。

4. 密度

密度是指单位体积的某物质的质量，其单位为 g/cm^3。

工业铝电解质熔体的密度随温度的升高、氧化铝含量增多而降低。实际生产中需要电解质密度较低为好。铝电解生产中，铝与电解质是两种相溶性很小的液体，铝水的密度比电解质大，故沉于电解槽底部，它们之间的分离靠两种熔体的密度差来实现。因铝水的密度一定，只有减小电解质熔体的密度来增大其密度差来实现，从而使两种液体良好分离。

5. 导电度

导电度又称为电导率，它是物体导电能力大小的标志，通常用电阻率的倒数来表示。单位为：$\Omega^{-1} \cdot cm^{-1}$。

在电解质熔体中，随着氧化铝浓度的增加，电解质的导电度减少。工业电解质的导电度一般在 $2.13 \sim 2.22 \Omega^{-1} \cdot cm^{-1}$ 范围内，生产中需要电解质具有大的导电度。电解质导电性越好，其电压降就越小，越有利于降低生产能耗。

6. 黏度

黏度是表示液体中质点之间相对运动的阻力，也称内摩擦力，单位为 $Pa \cdot s$（帕·秒）。熔体内质点间相对运行的阻力越大，熔体的黏度越大。

工业铝电解质的黏度一般保持在 $3 \times 10^{-3} Pa \cdot s$ 左右，过大或过小，对生产不利。电解质黏度过大，会降低氧化铝在其中的溶解速度，会阻碍电解质中炭渣分离和阳极气体的逸出，给生产带来危害。但电解质黏度过小，会加快电解质的循环，加快铝在电解质中的溶解损失，降低电流效率，而且加快氧化铝在电解质中的沉降速度，造成槽沉淀。

7. 部分添加剂对电解质性质的影响及特点

（1）添加剂 AlF_3、CaF_2、MgF_2 的共同优点：

1）增大铝液与电解质间的界面张力，降低铝的溶解损失（按质量分数计，$AlF_3 >$

$MgF_2>CaF_2$）；

2）降低初晶温度（$MgF_2>CaF_2>AlF_3$）。

（2）添加 AlF_3、CaF_2、MgF_2 的共同缺点：

1）降低电解质的电导率（$AlF_3>MgF_2>CaF_2$）；

2）降低氧化铝的溶解度（$AlF_3>MgF_2>CaF_2$）。

（3）添加 AlF_3（降低分子比）与添加 MgF_2/CaF_2 的不同特点：

1）添加 MgF_2/CaF_2：

①增大电解质与炭间界面张力，能降低电解质在阴极炭块中渗透，有利于炭渣分离，可能不利 AE 控制（不利气泡排出）；

②增大电解质黏度，不利于炭渣分离（与上条特性矛盾），不利于铝珠与电解质分离（有损电流效率），不利于较大幅度降低温度；

③增加电解质的密度（8%以下时，$MgF_2>CaF_2$，8%以上时，则反之）；

④不仅降低氧化铝溶解度，且还降低氧化铝溶解速度；

⑤促进边部结壳生长。

2）添加 AlF_3：

①降低电解质与炭间界面张力（优点、缺点正好与 MgF_2/CaF_2 相反）；

②降低电解质黏度（正好与 MgF_2/CaF_2 相反）；

③降低电解质密度（正好与 MgF_2/CaF_2 相反）；

④虽降低氧化铝溶解度，但对氧化铝溶解速度几乎无直接影响；

⑤增大电解质挥发损失（无烟气净化时，损失大）。

（4）添加 LiF 的作用：

优点：降低初晶温度（$LiF>MgF_2>CaF_2>AlF_3$）；提高电导率；降低电解质密度。利用 LiF 可降低初晶温度和提高电导率的特点，可强化电流（每增加 1%LiF，电流可提高 1.25%，同时基本维持过热度不变，电耗可降低）。

缺点：降低氧化铝的溶解度和溶解速度；价格较昂贵。总的来讲，含锂的电解质其电流效率不如高 AlF_3 的好，主要是沉淀问题。

理论和实践表明电解质分子比降低，电流效率提高。

20 世纪 80 年代以来，国外现代化大型预焙槽上流行使用分子比为 2.1～2.3 的电解质，不添加其他添加剂。

理论及生产实践表明，每加 1%AlF_3，就增加电流效率 0.5%。

但如果分子比过低（AlF_3 含量过高）则：

1）减小了电解质电导率；

2）减小了氧化铝溶解度；

3）增大了电解质的挥发损失；

4）增大了 Al_4C_3 的溶解损失（阴极和内衬的腐蚀增大）；

5）易生成铝的低价氟化物而增加铝损（降低电效）；

6）操作困难，对控制要求高。

因此，不能稳定保持的低分子比并非能得到高电流效率的结果。

整体电解质成分对基本性质的影响见表 4-1。

表 4-1　电解质成分对其基本性质的影响

电解质性质	电解质熔点 /℃	氧化铝溶解度 /%	密度 /g·cm⁻³	黏度/Pa·s	挥发性	电导率 /Ω·cm	表面张力和湿润性
增加氟化钠含量	降低	提高	降低	降低		提高	降低
增加氟化铝含量	降低	降低	降低	降低	增加	降低	增加
增加氟化钙含量	降低	降低	增加			降低	增加
增加氟化镁含量	降低	降低	增加			降低	增加
增加氧化铝含量	降低		降低	增加		降低	降低
提高电解质温度		提高	降低	降低	增加	提高	降低
炭粒含量增加				增加		降低	降低

8. 两极副反应

在铝电解过程中，除前面讲的两极主反应外，同时在两极上还发生着一些复杂的副反应，这些副反应对生产有害无益，生产中应尽量加以遏制。

（1）阴极副反应：

1）铝在电解质中的溶解反应和损失。在铝电解过程中，处于高温状态下的阴极铝液和电解质的接触面上，必然有析出的铝溶解在电解质中，一般认为，阴极铝液在电解质里的溶解有以下几种情况：

①溶解在熔融冰晶石中的铝，生成低价铝离子和双原子的钠离子，即：

$$2Al+Al^{3+}\!=\!=\!=3Al^+$$
$$Al+6Na^+\!=\!=\!=Al^{3+}+3Na_2^+$$

②在碱性电解质中，铝与氟化钠发生置换反应，即：

$$Al+3NaF\!=\!=\!=AlF_3+3Na^+$$

③铝以电化学反应形式直接溶解进入电解质熔体中，即：

$$Al（液）-e\!=\!=\!=Al^+$$

2）金属钠的析出。在阴极的主反应是析出铝而不是钠，因为钠的析出电位比铝低。但随着温度升高，电解质分子比增大，氧化铝浓度减小，以及阴极电流密度提高，钠与铝的析出电位差越来越小，而有可能使钠离子与铝离子在阴极上一起放电，析出金属钠。

$$Na^++e\!=\!=\!=Na$$

在碱性电解质中，溶解的铝也可能发生下列反应而置换出钠，即：

$$Al+6NaF\!=\!=\!=Na_3AlF_6+3Na$$

析出的钠少量溶解在铝中，其余的一部分被阴极炭素内衬吸收，一部分以蒸汽状态挥发出来，在电解质表面被空气或阳极气体氧化，产生黄色火焰。

3）碳化铝（Al_4C_3）的生成。在高温条件下，铝可与碳发生反应生成碳化铝，即：

$$4Al+3C \Longrightarrow Al_4C_3$$

（2）阳极副反应：

阳极效应是铝电解过程中发生在阳极上的一种特殊现象。

1）阳极效应发生的机理。阳极效应的发生，是阳极表面性质、电解质的性质和阳极气体性质改变的综合结果。在正常电解时，电解质中的氧化铝含量较高，此时在阳极上总是含 O^{2-} 离子放电，连续析出 CO_2 和 CO 气体。由于阳极表面总是新鲜的，电解质有足够的湿润能力，于是析出的气体则以小的气泡逸出。随着氧化铝含量的逐渐减少，F^- 离子开始放电（与 O^{2-} 离子一起放电），生成碳氟类络合物，而后分解生成 COF_2 或 CF_4。因此，改变了阳极气体成分的同时，也改变了阳极的表面性质。电解质对阳极的湿润变差，由于气体薄膜的作用以及阳极表面性质的改变而电阻增大，则电压升高，于是阳极效应发生。

2）阳极效应现象。当阳极效应发生时，在阳极与电解质接触的周边上，出现许多细小的弧光闪烁，电解质像小雨点似地往阳极上溅，并可听到"噼噼"的响声。槽电压骤升到数十伏，并联在电压表上的指示信号灯也亮了起来。

3）阳极效应产生原因。主要原因是电解质中 Al_2O_3 含量降低，使阳极临界电流密度下降，电解质在阳极表面上的湿润性变差。临界电流密度是指在一定条件下，发生阳极效应时的阳极电流密度。它随氧化铝浓度减少而减小，还与电解质温度、阳极材料、电解质成分等因素有关。

4）阳极效应的影响与危害性。发生阳极效应时电压骤升，挥发剧烈，消耗大量的电能和各种原材料，又影响铝水品位，增加劳动量，恶化环境等。但偶尔发生阳极效应，可清理电解质中的炭渣，对冷槽可用阳极效应提供热能调整热平衡等。

9. 铝的二次反应

冰晶石-氧化铝熔盐电解阳极一次产物是二氧化碳气体，但是在所有工业电解槽帮上对阳极气体的测量结果均不是 100% 的二氧化碳，一氧化碳的产生一般认为是电解发生反应的同时，伴随着一系列副反应所致，主要过程为溶解于电解质中的铝被带到阳极区间与二氧化碳接触而被氧化，即铝的二次反应，即：

$$2Al（溶解的）+3CO_2 \Longrightarrow Al_2O_3+3CO$$

此外，由于炭阳极散落掉渣，分离后飘浮在电解质表面，当二氧化碳气体与这些炭渣接触时，会发生还原反应而生成一氧化碳，即：

$$C+CO_2 \Longrightarrow 2CO$$

在阳极副反应中，铝和二氧化碳的反应是电解过程中降低电流效率的主要原因，生产中应尽量控制这类不利反应的发生。

学习活动 3　铝电解生产原辅材料

1. 氧化铝

氧化铝是一种白色粉状物，熔点为 2050℃，沸点为 3000℃，真密度为 $3.5 \sim 3.6g/cm^3$

密度为 $1g/cm^3$。它的流动性好，不溶于水，能溶解在熔融的冰晶石中。它是铝电解生产的主要原材料。

氧化铝在电解生产中的作用是：（1）不断地补充电解质中的铝离子，使其浓度保持在一定的范围内，保证电解生产的持续进行；（2）氧化铝覆盖在电解质壳面上可以起到良好的保温作用，覆盖在阳极炭块上防止阳极氧化；（3）在烟气干法净化系统中充当吸附剂，用来吸附电解烟气中的氟化氢（HF）气体。

在化学纯度方面，要求氧化铝中杂质含量和水分要低。因为氧化铝中那些电位正于铝元素的氧化物，例如 SiO_2（二氧化硅）和 Fe_2O_3（氧化铁），在电解过程中会被铝还原，或者优先于铝离子在阴极析出。析出的硅、铁，进入铝内，降低铝的品位，而那些电位负于铝元素的氧化物，如 Na_2O、CaO（氧化钙）会分解冰晶石，一是引起氟化盐消耗，二是增加铝中的氢含量，三是产生氟化氢气体，污染环境。P_2O_5（五氧化二磷）会影响电流效率。氧化铝的化学成分要求见表 4-2。

表 4-2　国产氧化铝质量标准（YS/T 274—1998）
氧化铝的化学成分

等　级	牌　号	化学成分（质量分数）/%				
		Al_2O_3含量（不小于）	杂质含量（不大于）			
			SiO_2	Fe_2O_3	Na_2O	灼减
一级	AO-1	98.6	0.02	0.02	0.50	1.0
二级	AO-2	98.4	0.04	0.03	0.60	1.0
三级	AO-3	48.3	0.06	0.04	0.65	1.0
四级	AO-4	98.2	0.08	0.05	0.70	1.0

除化学成分外，中间点式下料预焙槽对氧化铝的物理性能有特殊要求：

（1）具有较小的吸水性，在电解质中溶解性好。

（2）粒度适宜，加料时飞扬损失少，能严密地覆盖在阳极炭块上，防止阳极在空气中氧化。

（3）保温性能好，活性大，从而能有效地吸收 HF 气体。

（4）安息角：35°～38°。

根据氧化铝物理性能的不同，可将其分为三类：砂状、粉状和中间状，表 4-3 列出三种氧化铝的特性。

表 4-3　不同类型氧化铝的特性

氧化铝类型	安息角/(°)	灼减/%	累计/%	
			$-44\mu m$	$-74\mu m$
砂　状	30	1.0	5～15	40～50
中间状	40	0.5	30～40	60～70
粉　状	45	0.5	50～60	80～90

因为砂状氧化铝具有流动性好、溶解快、对氟化氢气体吸附能力强等优点，正好满足预焙槽的生产。生产 1t 铝所需要氧化铝，从理论上计算为 1889kg，实际上由于氧化铝不

纯及运输、加工时的损失，生产 1t 铝实际需要氧化铝约 1925~1940kg 氧化铝。

2. 氟化盐

铝电解生产中所用氟化盐主要是冰晶石和氟化铝，其次有一些用来调整和改善电解质性质的添加剂，如氟化镁、氟化锂、氟化钙、氟化钠。

（1）冰晶石。冰晶石分天然和人造两种，由于天然冰晶石在自然界中储量很少，不能满足工业之用，故铝工业均用人造冰晶石。冰晶石分子式为 Na_3AlF_6，或写为 $3NaF \cdot AlF_3$。

国产冰晶石和氟化铝的质量标准如表 4-4 和表 4-5 所示。

表 4-4　国产冰晶石的质量标准（GB/T 4291—1999）

等　级	化学成分（质量分数）/%									
	不小于		不大于							
	F	Al	Na	SiO_2	Fe_2O_3	CaO	SO_4^{2-}	P_2O_5	H_2O	灼减
特级	53	13	32	0.25	0.05	0.10	0.7	0.02	0.4	2.5
一级	53	13	32	0.36	0.08	0.15	1.2	0.03	0.5	3.0
二级	53	13	32	0.40	0.10	0.20	1.3	0.03	0.8	3.0

表 4-5　国产氟化铝的质量标准（GB/T 4292—1999）

等　级	化学成分（质量分数）/%							
	不小于		杂质含量（不大于）					
	F	Al	Na	SiO_2	Fe_2O_3	SO_4^{2-}	P_2O_5	灼减
特一级	61	30.0	0.5	0.28	0.10	0.5	0.04	0.5
特二级	60	30.0	0.5	0.30	0.13	0.8	0.04	1.0
一级	58	28.2	3.0	0.30	0.13	1.1	0.04	6.0

（2）氟化钙。氟化钙分子式为 CaF_2，其俗名为萤石粉，是一种经过精选品位很高的天然矿物质。在正常的铝电解生产中，往电解质中添加一定数量的氟化钙能降低电解质的熔点，多被用于电解槽启动前装炉，其作用是对炉帮的形成有好处，可形成比较坚固的炉帮。

（3）氟化钠。氟化钠的分子式为 NaF，是一种白色粉末，易溶于水。它是铝电解质的一种添加剂，用以调整由于新槽的炭素内衬选择性吸收钠盐及装炉时装入大量低分子比冰晶石所造成的分子比下降。一般由于新槽开动也用碳酸钠代替氟化钠，这样更加经济且能加速电解质的沸腾与循环，有助于电解质成分均匀。

（4）氟化锂。氟化锂分子式为 LiF，是铝电解生产的一种良好的添加剂，它可以降低电解质的初晶温度，增加电解质的导电度，改善电解质的性质，比氟化镁、氟化钙效果更显著，但氟化锂比较昂贵，铝电解厂有时用碳酸锂（Li_2CO_3）代替氟化锂，降低成本。

3. 阳极材料

在铝电解生产过程中，阳极是在高温下与具有很强侵蚀性的冰晶石熔液直接接触，能够受这种侵蚀又有良好的导电性，价格低廉的材料唯有炭素材料。预焙阳极块是预焙电解槽的阳极材料，它是由焦炭按不同的粒度组成，与一定比例的沥青配料、混捏，振动成型，经过高温焙烧而成。

为了保证阳极块上槽后，电解生产能够顺利进行，对预焙阳极块必须有严格的质量要求，预焙阳极块的理化标准见表 4-6。

表 4-6　铝电解用预焙阳极质量标准（YS/T 285—1998）

牌　号	灰分/%	电阻率 /$\mu\Omega \cdot m$	热膨胀率 /%	CO_2 反应性 残极率/%	耐压强度 /MPa	体积密度 /$g \cdot cm^{-3}$	真密度 /$g \cdot cm^{-3}$
	不大于				不小于		
TY-1	0.50	55	0.45	45	32	1.50	2.00
TY-2	0.80	60	0.50	50	30	1.50	2.00
TY-3	1.00	65	0.55	55	29	1.48	2.00

除理化指标外，在外观上也有严格要求：

（1）成品表面粘接的填充料必须清理干净。

（2）成品表面的氧化面积不大于该表面面积的 20%，深度不得超过 5mm。

（3）成品掉棱长度不大于 300mm，深度不大于 60mm，不得多于两处。

（4）棒孔或孔边缘裂纹长度不大于 80mm，孔与孔之间不能有连通裂纹。

（5）大面裂纹长度不大于 200mm，数量不多于 3 处。

组装后的炭块，外观要求：

（1）铝导杆弯曲度不大于 15mm。

（2）组件焊缝不脱焊，爆炸焊片不开缝。

（3）磷生铁浇注饱满平整，无夹渣和气泡。

要求炭阳极含杂质尽量少，特别是铁、硅、钒、钛、镍、硫等氧化物。这些杂质不仅影响炭阳极理化指标，而且会在电解过程中进入铝液而影响铝的纯度或影响电流效率，对生产不利。

学习任务 2　分子比及其测定方法

学习目标：（1）掌握分子比的概念；

　　　　　　（2）了解分子比的测定方法。

学习活动 1　分子比基本知识

自霍尔-埃鲁法问世以来，铝电解质一直是以冰晶石-氧化铝为基体的电解质体系进行电解。随着生产的发展，为改善铝电解质的物理化学性质，人们往铝电解质中加入各种添加剂，因此电解质的组成变得越来越复杂。不同的电解质组成不同，其分子比也不同。分子比的高低不但直接影响生产过程的电流效率，而且还与加工周期、下料制度和环境污染有关，所以对电解质分子比的分析历来都受到铝电解厂的高度重视。

近 20 年来，国际铝业界的科学研究和现代化生产系列的生产实践表明，降低铝电解质分子比是提高铝电解电流效率的有效途径。随分子比的下降，初晶温度随之下降，且电解质表面张力增大，减小了电解质对炭渣的湿润性，使炭渣更容易从电解质中排出。目前，人们都在寻求低分子比的电解质体系。因为电解质的分子比降低，其初晶温度也低，这有利于降低电解温度，提高电流效率。因此，低分子比操作是现代高效节能铝电解槽的重要标志。

分子比是铝电解操作参数中一项重要的经济指标。但目前尚无法对该参数进行在线检测，只能采用人工取样分析。传统电解铝工艺采用以高分子比为特征的工艺技术条件，分子比可在较大的范围内变化，因此对分子比控制没有严格的要求。然而随着分子比的降低，电解铝过程容许的工艺参数的变化范围显著变小，对外界的干扰愈来愈敏感，分子比控制的稳定性对电解槽的稳定性起着决定性的作用，因此，传统的依赖人工凭经验调整分子比的做法很难保障电解槽在低分子比下稳定运行。对分子比的调整还处于半成熟状态。为了实现低分子比操作，一方面不断改进电解槽的设计水平和自控水平，另一方面是探索最适宜的电解质组成和简单、快速、准确的分子比的测定方法。

1. 分子比定义

铝工业上把氟化钠对氟化铝的分子数（物质的量）比率称为分子比。AlF_3 是酸性物质，NaF 是碱性物质，因此可称电解质分子比等于 3.0 者为中性物质，大于 3.0 者为碱性，小于 3.0 者为酸性。视分子比高低，又有强碱性、弱碱性以及强酸性、弱酸性之分。低分子比属于强酸性之列。

从全世界范围来说，目前对铝电解质的酸度有三种表示方法：

（1）以电解质中 NaF 与 AlF_3 的分子数之比表示，称为冰晶石比（cryolite ration，简记 CR），俗称分子比，即 CR＝电解质中 NaF 的分子数/电解质中 AlF_3 的分子数。我国与俄罗斯等采用这种表示方法。

（2）以电解质中 NaF 与 AlF_3 的重量之比表示，称为电解质比（bath ratio，简记 BR）或重量比（weight ratio，简记 WR），故 BR（或 WR）＝电解质中 NaF 的重量/电解质中 AlF_3 的重量，这种表示方法，北美、日本等采用。

（3）以对冰晶石组成的过剩 AlF_3 的含量（质量分数）表示，称为过剩氟化铝（exeess aluminium fluoriode above cryolite，记为 xs- AlF_3）或游离氟化铝（freeAluminium fluoride，记为 f- AlF_3）。法国、德国等多采用这种表示方法。

冰晶石比（CR）与电解质比（BR）之间有如下关系：CR＝2·BR。对于 Na_3AlF_6- AlF_3 基本体系，邱竹贤提出：BR＝3(100-a-f)/(100-a+1.5f)，其中 a 为 Al_2O_3 与 CaF_2 的含量（%）。

E. W. Dewing 曾提出添加物的酸碱性评价准则，即以 3Ina 之值来评价，指出 CaF_2 为弱酸性添加物，而 Al_2O_3 为弱碱性添加物。因此，沈时英简化冰晶石与游离 AlF_3 含量（f）之间的关系为：CR＝6(1-f)/(3f+2)，其中 f 为游离 AlF_3 所占重量百分数。上面两式实质上是一致的。因为在液相酸性电解质中 CaF_2 以自身存在，并不与 AlF_3 反应消耗游离 AlF_3 量。

2. 分子比对各因子的影响

（1）各添加剂对冰晶石溶液初晶点的影响比较。

当添加剂含量在 10%的范围内变化时，各种添加剂每添加 1%对体系初晶温度影响的平均值顺序如下（℃）：

LiF　　　8.2　　BaCl$_2$　25.6　　NaCl　3.8

MgF$_2$　　6.0　　AlF$_3$　　5.0　　CaF$_2$　2.4

Al$_2$O$_3$　　5.6　　KF　　　4.8　　NaF　1.8

表 4-7 给出各添加剂对冰晶石溶液初晶点的影响比较结果，其中，影响最大的是 LiF、MgF$_2$、BaCl$_2$ 和 AlF$_3$，都在 5℃/1%添加量以上。由于锂盐价格昂贵，所以应用最广泛的添加剂是 AlF$_3$ 和 MgF$_2$。铝电解质中通常含有 CaF$_2$，这主要是原料中 CaO 转化而来。此外，中国所产氧化铝中含有 0.013%~0.016% Li$_2$O，Li$_2$O 与冰晶石溶液起反应，生成 LiF。因此，在工业铝电解质中含有 1%左右的 LiF，这是额外的受益。

表 4-7　添加剂对于电解质初晶点的影响比较

体　系	初晶点/℃		共晶点/℃	共晶组成（摩尔分数）/%		共晶组成/%		晶点降值/% （1%添加剂）
	Na$_3$AlF$_6$	添加剂		Na$_3$AlF$_6$	添加剂	Na$_3$AlF$_6$	添加剂	
Na$_3$AlF$_6$-Al$_2$O$_3$ （简单共晶系）	1011	—	962.5	80.3	19.7	89.4	10.6	4.6
Na$_3$AlF$_6$-CaF$_2$ （简单共晶系）	1011	—	946	50.0	50.0	72.9	27.1	2.4
Na$_3$AlF$_6$-NaCl （简单共晶系）	1009	801	740	10.6	89.4	30	70	3.8
Na$_3$AlF$_6$-Li （简单共晶系，并有不连续固溶区）	1010	848	694	15	85	59.6	40.4	7.8
Na$_3$AlF$_6$-MgF$_2$	1011	—	最低点 920	62.3	37.7	84.8	15.2	6.0
Na$_3$AlF$_6$-NaF （简单共晶系）	1009	995	888	9	91	33	67	1.8
Na$_3$AlF$_6$-AlF$_3$ （简单共晶系）	1009		690	19	81	37	63	5.0
Na$_3$AlF$_6$-KF	1010		890	44.9	55.1	7.5	25	4.8
			740	8	92	24.3	75.7	3.6
Na$_3$AlF$_6$-BaCl$_2$ （简单共晶系）	1010	962	710	45.8	54.2	46	54	5.6

（2）分子比对初晶温度的影响。

有关分子比对槽温度的影响研究得最早，机理研究得也最深，因此分子比对电解质结晶温度的影响最大、最直接。电解质的初晶温度是确定工业生产温度的一个首要因素，如果工业生产温度过高与电解质的初晶温度过高有关，这不但造成能量的大量浪费，而且会影响铝电解精炼的阳极过程，从而影响阴极的精铝质量。若工业生产温度选得太低，则又会导致电解质发黏，密度增大，生产难于操作。

在正常生产过程中，当两个水平一定时，槽温的恒定是铝冶炼的关键，槽温波动较大，对铝电解槽相当不利，在电解过程中，计算机对槽电压的瞬时跟踪和控制后，槽温是否平稳，关键就是分子比上面的问题，分子比偏高，电解的初晶温度升高。相反，初晶温度降低，故分子比的高低直接影响电解槽的热收入，当热收入大于热支出时，槽温升高，炉膛四周的炉帮会化掉，严重时，炉帮槽壳发红，甚至造成漏槽事故。分子比偏低，热收入小于热支出，电解质发红发暗，黏度较大，炭渣与电解质分离较差。槽膛缩小，伸腿肥大，给出铝、加工带来不便，正常的生产秩序遭到破坏，电流效率降低。

分子比偏高和偏低对槽膛都会有较大的影响，对槽温的平衡控制带来极大的困难。在正常槽温 960~970℃ 的情况下，槽温每升高或降低 10℃ 电流效率将降低或提高 1%~2%。张中林等人研究了三层液精铝电解质（氟氯化物体系），探讨了分子比对此体系初晶温度密度和电导率的影响，得出分子比的变化对此电解质体系的初晶温度和电导率的影响较为复杂。这可能是因为随着分子比的变化，此熔盐的结构发生改变之故。

在分子比为 0.4~1.3 范围之内，电解质的初晶温度的变化趋势为平均每增加分子比 0.1，电解质的初晶温度增加 8℃。但当电解质的分子比高于 1.3 之后，体系的初晶温度随着分子比的增大而剧增。分子比为 2.0 左右时，体系的初晶温度猛增至 900℃。因此，当利用 $NaF-AlF_3-BaF_2-CaF_2$ 这一电解质体系作为三层液铝电解精炼的中间液相时，电解质的分子比不宜太高，否则将会使电解质发黏影响生产。

（3）分子比对 Al_2O_3 浓度的影响。

铝电解槽保持在最佳运行状态下进行平稳生产是铝冶炼的主题。在生产实践中总结得出分子比偏高的电解质对 Al_2O_3 的溶解度要大一些（正常生产中的 Al_2O_3 浓度在 1%~6% 之间）。而偏低分子比对 Al_2O_3 的溶解度要小一些。电解质中 Al_2O_3 浓度较高，电解质的黏度会相对增大，造成炭渣与电解质分离较差，电解质电阻升高，电流效率随之降低；相反，分子比偏低的电解质对 Al_2O_3 的溶解度也要小得多，在确定加工方法和加工间歇时间时，会造成炉底沉淀增加，时间过长会导致炉底生成结壳，炉底压降升高，若沉淀过多会造成热槽，使电解槽运行过程紊乱，导致无法正常生产。因此，多数厂家都采用勤加工少下料的方法来控制电解质中 Al_2O_3 的浓度，大型预焙槽采用计算机定时定量下料，使 Al_2O_3 浓度尽量保持在 2%~4% 之间来获得较高的电流效率。

（4）分子比对电解质密度、黏度的影响。

电解质比重的大小对铝水或铝液与电解质分层的好坏也至关重要，在正常情况下（960~970℃），电解质的密度在 2.09~2.1g/m^3。分层良好，从电解质中析出的铝珠很快沉入槽的下层得到较高的电流效率，若分离较慢（黏度较大），析出的铝珠碰到 CO_2 气体迅速被氧化掉，造成二次反应，大大降低电流效率。分子比偏高，密度上升，分子比偏低，黏度增大对生产都不利。因此，要有一个合适的分子比范围。

学习活动2　分子比测定方法

电解铝所用的电解质主要是由冰晶石（Na_3AlF_6）、氟化铝（AlF_3）、氟化钠（NaF）和氧化铝（Al_2O_3）组成。电解质各组分的含量将影响铝电解槽中铝锭的产量、质量及电流效率，而电解质的分子比是衡量电解质主要成分之间比例关系是否恰当的一个重要指标。分子比的分析和控制已成为设计生产过程必须确定的工艺参数。

目前测定铝电解质分子比的方法主要有三大类：一是直接观察法；二是化学分析法；

三是仪器分析法。

1. 直接观察法

直接观察法包括肉眼观察法、指示剂检查法及晶形光学法。

（1）肉眼观察法。肉眼观察法具有确定电解质成分迅速、简单的优点和不精确的缺点。因该法是根据电解质的颜色、电解槽中壳面硬度、固体电解质的断面与外观来粗略判断电解质的酸碱度范围，具体分子比的精确数值很难确定。因此只能在生产中作为一般性参考，现代化大生产已不采用。具体判别方法见表 4-8。

表 4-8　肉眼观察电解质酸碱度现象

电解质酸碱度	液体电解质外观	电解槽氧化铝表面硬度	固体电解质断面
碱性	亮黄色	很硬	很致密
中性	橙黄色	中硬	致密
酸性	樱红色	较软	有孔
强酸性	暗红色	很软	多空

（2）指示剂检查法。指示剂检查法通常用化学试剂酚酞来检查，将酚酞滴在固体电解质断面上，如果呈现紫红色说明分子比（CR）大于 3，没有颜色说明分子比（CR）小于3。对含有添加剂的新型电解质可以采用溴甲酚紫或溴百里酚蓝来做粗略的判断。这种方法较肉眼观察法稍准确，测定迅速、方便、实用。判断情况如表 4-9 所示。

表 4-9　指示剂检查分子比现象

分子比	溴百里酚蓝	溴甲酚紫
2.6	黄	黄褐
2.7	黄	黄褐
2.8	黄	黄褐
2.9	浅绿	黄褐
3.0	绿	紫
3.1	黄	紫
3.2	黄	紫红

（3）晶形光学法。熔融酸性电解质分子比与其固相组成中亚冰晶石（$Na_5Al_3F_{14}$）含量有一定的函数关系。用偏光显微镜测出亚冰晶石的含量后，按其函数关系求出电解质的分子比。

Na_3AlF_6-AlF_3-Al_2O_3-CaF_2 体系熔融电解质的分子比，可以用下式求得：

$$CR = \frac{825[1-w(Al_2O_3)-w(CaF_2)]-200w(CH)}{100w(CH)+275[1-w(Al_2O_3)-w(CaF_2)]}$$

式中　$w(CH)$——偏光显微镜下测得电解质固相中冰晶石的质量分数，%；

$w\left(\mathrm{Al_2O_3}\right)$——$\mathrm{Al_2O_3}$ 在试样中的质量分数，%；

$w\left(\mathrm{CaF_2}\right)$——$\mathrm{CaF_2}$ 在试样中的质量分数，%。

$\mathrm{Na_3AlF_6}$-$\mathrm{AlF_3}$-$\mathrm{Al_2O_3}$-$\mathrm{CaF_2}$-$\mathrm{MgF_2}$ 体系固体电解质的分子比，可以用下式求得：

$$\mathrm{CR}_{熔}=\mathrm{CR}_S-6.74w\left(\mathrm{MgF_2}\right)\frac{\mathrm{CR}_S+2}{275\left[1-w\left(\mathrm{Al_2O_3}\right)-w\left(\mathrm{CaF_2}\right)-w\left(\mathrm{MgF_2}\right)\right]}$$

该方法较指示剂检查法准确、快速、方便，但对添加 LiF 的试样观察结果误差较大，且碱性电解质试样无法观察。

2. 化学分析法

主要包括热滴定法、盐酸滴定法和几种容量滴定法（如氯化铝滴定法、硝酸钍滴定法及氢氧化钾滴定法）。生产上经常使用的是热滴定法和硝酸钍滴定法。

（1）热滴定法。热滴定法是一种传统分子比分析法，该法成本较低，分析结果较准确。分析原理：$3\mathrm{NaF}+\mathrm{AlF_3}=\mathrm{Na_3AlF_6}$；$\mathrm{NaF}+\mathrm{H_2O}=\mathrm{NaOH}+\mathrm{HF}$，Na 过量后试样呈碱性，使酚酞指示剂变红，从而指示热滴定终点，其分子比按下式计算：

$$\mathrm{CR}=3-\frac{5w_2}{w_1\left[1-1.674w\left(\mathrm{MgF_2}\right)-w\right]+w_2}$$

式中　CR——熔融电解质分子比；

w_1——取样量；

w_2——加入 NaF 的量；

$w\left(\mathrm{MgF_2}\right)$——电解质中 $\mathrm{MgF_2}$ 的质量分数，%；

w——$\mathrm{Al_2O_3}$、$\mathrm{CaF_2}$ 及其他添加剂的质量分数之和，%；

1.674——$\mathrm{NaMgF_3}$ 与 $\mathrm{MgF_2}$ 的相对分子质量比值。

（2）硝酸钍滴定法。硝酸钍滴定法分析铝电解质分子比是由 Kuder-man 提出，后被 Richard 等采用。使用茜素磺酸钠作指示剂滴定终点不明显，后来 Grjotheim 用甲基百里酚蓝取代茜素磺酸钠作指示剂，在 pH = 3.35 的甘氨酸-高氯酸缓冲液中滴定，效果较好。该法优于晶形光学法和热滴定法，但分析工作量大。分析原理：$\mathrm{NaF}=\mathrm{Na^+}+\mathrm{F^-}$；$\mathrm{Th}\left(\mathrm{NO_3}\right)_4+6\mathrm{F^-}=\left(\mathrm{ThF_6}\right)^{2-}+4\mathrm{NO_3^-}$，当 $\mathrm{Th}\left(\mathrm{NO_3}\right)_4$ 过量时，由于甲基百里酚蓝的存在，溶液颜色由橙黄色变为深蓝色，从而根据消耗的 $\mathrm{Th^{4+}}$ 的量确定 $\mathrm{F^-}$ 的含量，直接求出铝电解质结合成 $\mathrm{Na_3AlF_6}$ 剩余的 NaF 量，间接求出剩余 $\mathrm{AlF_3}$ 的量。若电解质为碱性电解质，过量的 NaF 为 $f\left(\mathrm{g}\right)$，则 $\mathrm{CR}=3+4f/5\left(w\beta-f\right)$；若电解质为酸性，应加入过量 NaF 中和，间接求出过量 $\mathrm{AlF_3}$ 含量，再求出铝电解质分子比，过量 $\mathrm{AlF_3}$ 为 $f\left(\mathrm{g}\right)$，则 $\mathrm{CR}=\dfrac{3}{1+\dfrac{\alpha\left(w\beta-f\right)}{5}}$。两式中 w 为电解质质量，$\beta=1-w\left(\mathrm{NaF}\right)-w\left(\mathrm{AlF_3}\right)$。采用本法，LiF 的含量对分析结果影响很大，低含量的分析结果吻合较好，$w\left(\mathrm{LiF}\right)>4\%$ 时偏差增大，对于 $w\left(\mathrm{LiF}\right)<3\%$，此方法是准确可行的。

（3）氯化铝滴定法。氯化铝滴定法是在饱和 NaCl 溶液中进行的，防止 $\mathrm{AlF_3}$ 水解。分析原理：$\mathrm{AlCl_3}+3\mathrm{NaF}\rightarrow\mathrm{AlF_3}+3\mathrm{NaCl}$；分析时使溶液 pH = 6~7，以滴加氢氧化钠溶液和盐酸溶液来控制及调整溶液的酸度，终点指示剂为铝-铬天青 S（CAS）-溴化十六烷基三甲基胺

（CTMAB）形成的三元蓝色络合物，溶液由黄色变为蓝色为终点，掩蔽剂为 1mL 抗坏血酸（1%）和 8mL 邻菲罗啉（0.25%），通过加入 NaF 及 AlCl$_3$ 溶液滴定来确定过剩的 NaF 量或 AlF$_3$ 量，再通过公式求出 CR。

3. 仪器分析法

仪器分析法主要包括 X 射线衍射法、电导法、电位法、原子吸收法，其检测信息能以电信号形式输出，便于计算机处理，实现自动化的在线分析。

（1）X 射线衍射法。X 射线衍射法的优点是对铝电解质中的杂质干扰少，分析迅速、准确。但对含有 MgF$_2$、LiF 及稀土元素的电解质不适用。张金生、邱竹贤在 1990 年改进了此方法，采用 X 衍射分析及偏光显微镜分析并校正电解质分子比，使适用范围较以往宽。

以下说明其对分子比的校正：

$$CR_s = \frac{CR\beta - 0.54w(CaF_2)(CR+2)}{\beta - 0.54w(CaF_2)(CR+2)}$$

式中　CR$_s$——固态分子比；

　　　CR——液态分子比；

　　　β——与组成浓度有关的系数。

1）添加剂含有 MgF$_2$：

$$CR_s = \frac{2[CR\beta - 1.35w(MgF_2)(CR+2)]}{2\beta - 1.35w(MgF_2)(CR+2)}$$

式中，$\beta = 1 - w(Al_2O_3) - w(MgF_2)$。

2）Na$_3$AlF$_6$-AlF$_3$-Al$_2$O$_3$-CaF$_2$-MgF$_2$ 体系：

$$CR_s = \frac{CR\beta - 0.54w(CaF_2) - 1.35w(MgF_2)}{\beta - [0.54w(CaF_2) + 0.68w(MgF_2)]}$$

式中，各符号意义与前式相同。

3）Na$_3$AlF$_6$-AlF$_3$-Al$_2$O$_3$-LiF 体系：

$$CR_{LiF} = [x(NaF) + x(LiF)]/x(AlF_3)$$
$$CR_{LiF} = CR + 1.62(CR+2)w(LiF)/\beta$$

式中，$\beta = 1 - w(Al_2O_3) - w(LiF)$。

4）Na$_3$AlF$_6$-AlF$_3$-Al$_2$O$_3$-CaF$_2$-LiF 体系：

$$CR_{LiF} = CR + 1.62(CR+2)w(LiF)/\beta$$

式中，$\beta = 1 - w(Al_2O_3) - w(LiF) - w(CaF_2)$。

（2）电导法。电导法测定的基本原理是：碱性电解质含有没有化合成冰晶石的剩余 NaF，这种剩余 NaF 在室温下能很快溶解于水，这样测定其水溶液电导率就能确定剩余 NaF 的含量，因为水溶液的电导率几乎正比于试样中剩余 NaF 的含量，由此可以确定电解质的分子比。酸性电解质存在 AlF$_3$，不能直接用电导法确定其分子比，取一定量的酸性电解质加入定量 NaF 磨细混合，在一定温度下烧结，使剩余 AlF$_3$ 全部化合成冰晶石（Na$_3$AlF$_6$）。这样烧结后的试样中 NaF 含量就可以间接求出。也就可以确定电解质的分子比。该法具有简便、快速、准确、便于实现自动化等优点，已经在全国一些电解铝厂使用。这种方法是由 J. S. Lobs 和 R. H. Black 在 1963 年提出的，1981 年杨济民等人作了改进。

（3）电位法。Knagy 首次利用氟离子选择电极法分析铝电解质分子比，认为 AlF_3 能在中性溶液中溶解并与 NaF 生成 Na_3AlF_6。颜淑华、任凤莲、肇玉卿先后对此法进行了改进。分析原理：在测试液中加入总离子强度调节剂，使测试液在所测定的浓度范围内，氟离子的活度系数基本保持不变，$E = E^* - (RT/F) \ln C_{F^-}$ 或 $E = E^0 - (RT/2.303F) \lg C_{F^-}$ 测出 E，从而求得 F^- 的浓度，直接或间接地求出铝电解质过剩的 NaF 或 AlF_3，进而求得铝电解质分子比。随着铝电解质添加剂的加入，由于添加剂的影响，必须对所测的电解质分子比进行校正。

（4）原子吸收法。在 pH = 6.0~7.5 的中性介质中，在一定量的 F^- 存在的溶液中，加入一定量的钾盐使电解质中的 AlF_3 形成更稳定的钾冰晶石（K_3AlF_6），再用原子吸收法测定过量的钾，可间接求出 AlF_3 的量，进而计算出分子比。

学习任务 3　氯化铝滴定法测定电解质分子比

学习目标：（1）掌握氯化铝滴定法测定分子比的方法；
　　　　　　（2）掌握分子比计算的方法。

方法提要： 用氢氧化钠溶液加热溶解试样，向其中加入一定量的氟化钠溶液。调整 pH，加热使其和过剩的氟化铝反应，以铬天青 S（CAS）和溴化十六烷基三甲基铵（CTAB）作为指示剂，用三氯化铝溶液滴定过剩的氟化钠，计算出分子比。

学习活动 1　试验准备

1. 仪器准备

电炉、容量瓶、电子天平、洗耳球、玻璃烧杯、铁架台、量筒、锥形瓶、吸量管、电热板。

2. 试剂和材料准备

（1）2% 氢氧化钠溶液：把 20g 氢氧化钠溶于水，稀释至 1000mL，置于聚乙烯瓶中。

（2）20mg/mL 氟化钠溶液：将 20.00gNaF（分析纯，预先在 100℃ 烘干 1h）溶于水，溶解时最好在聚乙烯烧杯中进行。移入 1000mL 容量瓶中，用水稀释至刻度，摇匀。存在聚乙烯瓶中。

（3）酚酞指示剂：1% 的乙醇溶液，1g 酚酞溶于 100mL 乙醇中。

（4）氯化钠：分析纯。

（5）0.05%CTAB 溶液：称取 0.05g CTAB 加 60mL 水，微热溶解，冷却后，以水稀释至 100mL 混匀。

（6）CAS 溶液：0.1g CAS 溶于 100mL 水中。

（7）0.25% 邻菲罗啉溶液：取 0.25g 邻菲罗啉，加几滴 6mol/L 硫酸，溶于 100mL 蒸馏水中。

（8）1% 抗坏血酸溶液：取 1g 抗坏血酸，溶于 100mL 蒸馏水中。

（9）三氯化铝溶液：把 13.4g 三氯化铝溶于 500mL 水中，将溶液加热至沸腾，冷却后，移入 1000mL 容量瓶中，用水稀释至刻度，混匀。

标定：用移液管准确移取 10mL 氟化钠溶液（20mg/mL），于 250mL 烧杯中，加水 30mL、1 滴 2%氢氧化钠溶液、20g 氯化钠，以下按分析方法操作，设标定时所耗的三氯化铝的体积为 V_s，则 1mL 三氯化铝溶液相当的氟化铝的量为 133.3/$V_s$mg。

学习活动 2　分析步骤

称取 1.0000g 研细烘干的铝电解质试样，置于 250mL 烧杯中，加入 40mL 2%NaOH 溶液于电炉上加热，不断搅拌，并煮沸 15min 后，准确加入 10mL NaF 溶液（20mg/mL）、2 滴 1%酚酞溶液，滴加浓盐酸至红色消失，然后用 2%NaOH 溶液小心调回到微红色，加入 20gNaCl，煮沸 5min，调整 pH，若此时溶液为红色，须用 0.1mol/L HCl 仔细调到红色退去，加入 1mL 1%抗坏血酸溶液，1mL 邻菲罗啉溶液，搅拌均匀，加入 3mL 0.05%CTAB 溶液，1.5mL 0.1%CAS 溶液，用三氯化铝溶液滴至溶液颜色由黄色变为蓝色为终点。滴定所耗三氯化铝的体积为 V_t。

学习活动 3　结果分析

试样中游离 AlF_3 的量（%）：

$$A = \frac{13.3}{V_s} \times (V_s - V_t)$$

试样的分子比：

$$CR = 3 - 0.075A / (\beta + 0.015A)$$

学习任务 4　硝酸钍滴定法分析铝电解质分子比

学习目标：（1）掌握硝酸钍滴定法测定分子比的方法；
　　　　　　（2）掌握分子比计算的方法。

方法提要：硝酸钍滴定法用于分析水溶液中毫克量氟离子，而工业铝电解质多呈酸性（分子比 CR<3），不溶于水，需首先将酸性电解质试样与过量 NaF 混合高温下烧结，原酸性试样中的过量 AlF_3（以 $Na_5Al_3F_{14}$ 存在）与 NaF 反应生成 Na_3AlF_6 而消耗部分 NaF，将烧结试样浸入去离子水中，剩余 NaF 迅速溶解，用硝酸钍溶液滴定，可分析剩余 NaF 的量，进而可知反应所消耗 NaF 的量，由此推算原电解质分子比。

学习活动 1　试验准备

1. 仪器准备

铂坩埚、容量瓶、电子天平、洗耳球、玻璃烧杯、铁架台、量筒、锥形瓶、吸量管、电热板。

2. 试剂和材料准备

（1）氟化钠（NaF）：分析纯。

（2）氟化钙（CaF_2）：分析纯。

（3）1mol/L 高氯酸：85.5mL 11.7mol/L $HClO_4$稀释至 1000mL。

（4）0.001mol/L 硝酸：0.06mL 16mol/L HNO_3稀释至 1000mL。

（5）缓冲溶液：将 6.7g 甘氨酸和 11g 高氯酸钠溶于水，加入 10mL 1mol/L 高氯酸，定容到 100mL。

（6）0.02mol/L 硝酸钍溶液：将 11.76g 六水硝酸钍溶于 0.001mol/L 硝酸溶液，用 0.001mol/L 硝酸定容到 1000mL。

（7）标准氟离子溶液：NaF 在 150℃下烘 24h，称取 2.21g 溶于水，定容到 1000mL，该溶液 1mL＝1.00mg 氟离子。

（8）指示剂：0.2g 甲基百里酚蓝溶于 100mL 水中。

学习活动 2　分析步骤

取酸性电解质 2g 研细与定量 NaF（<0.7g）混合均匀后放入坩埚（铂金、刚玉、未上釉瓷坩埚均可），600℃下烧结 30min 后冷却研细倒入 250mL 水中，搅拌使过量 NaF 迅速溶解，从中取出 20mL，滴入 1mol/L $HClO_4$ 3 滴，指示剂 3 滴，加入 2mL 缓冲溶液，用硝酸钍溶液滴定至由黄橙色变至深蓝色，记录滴定所耗硝酸钍溶液体积 V_{Th}后，用标准氟离子溶液标定硝酸钍溶液，求出所用硝酸钍溶液的滴定度 T（$T = \dfrac{V_F}{V_{Th}}$，V_F 为标液的体积，V_{Th} 为滴定 V_F标液所用硝酸钍溶液的体积）。

学习活动 3　结果分析

由下式计算 2g 电解质试样烧结后的过量 NaF（N）：
$$N = 2.763 V_{Th} \cdot T \times 10^{-2}$$

由下式求得电解质分子比 CR：
$$CR = \frac{3W\beta - 2(N' - N)}{W\beta + (N' - N)}$$

式中　CR——分子比；

　　W——试样的质量，g；

　　N'——配入 NaF 的质量，g；

　　N——过量 NaF 的质量，g；

　　β——与组成及浓度有关的系数。

学习任务 5　重量法测定电解质中氧化铝含量

学习目标：（1）掌握重量法测定氧化铝的方法；

　　　　　　（2）掌握氧化铝含量计算的方法。

方法提要： 根据电解质中除 Al_2O_3 以外均溶于热的 $AlCl_3$ 溶液的性质，用热的 $AlCl_3$ 溶液溶解电解质，再通过过滤、洗涤、灼烧得到氧化铝含量。

学习活动 1　试验准备

1. 仪器准备

电炉、马弗炉、容量瓶、电子天平、洗耳球、玻璃烧杯、铁架台、量筒、锥形瓶、吸量管。

2. 试剂和材料准备

（1）0.01mol/L AlCl$_3$溶液：称取 1.335g AlCl$_3$，用蒸馏水溶解并定容于 1000mL 容量瓶中。

（2）乙酸（5+95）：5 份乙酸加入 95 份水中。

（3）0.1mol/L 硝酸银：称取 17g 硝酸银，用蒸馏水溶解并定容于 1000mL 容量瓶中。

学习活动 2　分析步骤

称取 0.5g 预先在 110℃ 烘干的铝电解质试样于 250mL 烧杯中，加入 0.01mol/L AlCl$_3$溶液 30mL 和蒸馏水 70mL，盖上表面皿，置于电炉上加热煮沸 10min（加热过程中不断搅拌并保持原体积不变）。冷却后，用慢速滤纸过滤，用热的乙酸（5+95）洗至无氯离子（用硝酸银检验），再用蒸馏水冲洗至中性。在电炉上加热至滤纸炭化，然后将其置于 800℃ 的高温炉内灼烧至恒重，最后称量并计算 Al$_2$O$_3$ 在样品中的质量分数。

学习活动 3　结果分析

氧化铝含量按下式计算：

$$w(\mathrm{Al_2O_3}) = \frac{m}{m_0} \times 100\%$$

式中　m——灼烧后的质量，g；

　　　m_0——试样的质量，g。

学习任务 6　电解质中氟化钙镁含量的测定

学习目标：（1）掌握测定氟化钙镁的方法；

　　　　　　（2）掌握原子吸收光谱仪的操作。

方法提要：试样以聚四氟乙烯坩埚溶样，加盐酸、硝酸、高氯酸冒烟赶氟。在 2% 的盐酸介质中以氯化锶、氯化镧作释放剂，抑制干扰，以原子吸收光谱仪测定氟化钙、氟化镁。

学习活动 1　试验准备

1. 仪器准备

原子吸收光谱仪、钙空心阴极灯、镁空心阴极灯、容量瓶、电子天平、洗耳球、玻璃烧杯、铁架台、量筒、锥形瓶、吸量管。

2. 试剂和材料准备

（1）氧化钙标准液：准确称取氧化钙（基准试剂）1.000g 于 100mL 烧杯中，加水 10mL，再缓缓加入（1+1）盐酸 10mL 微加热待溶解完全。冷却后移入 1000mL 的容量瓶中，用 2% 的盐酸稀释至刻度摇匀。此溶液 1mL = 1000μg 氧化钙。

（2）镁标准液：准确称取高纯金属镁（99.99%）1.000g 于 100mL 烧杯中，加入（1+1）盐酸 20mL 加盖表面皿低温溶解后，取下冷却移入 1000mL 容量瓶中，以 2% 盐酸稀释至刻度，摇匀。此溶液 1mL = 1000μg 镁。

（3）铝溶液：称取纯金属铝（99.99%）2000g 于 200mL 烧杯中，缓缓加入（1+1）盐酸 20mL，低温加热溶解，滴加 3~5 滴（1+1）硝酸，待完全溶解，取下冷却后移入 200mL 容量瓶中，以 2% 的盐酸稀释至刻度。此溶液 1mL = 0.01g 铝。

（4）氯化锶溶液：10% 氯化锶水溶液。

（5）氯化镧溶液：2.5% 氯化镧水溶液。

（6）硝酸：分析纯。

（7）盐酸：分析纯。

（8）高氯酸：分析纯。

（9）钙、镁工作标准液：吸取钙、镁储备液混合配制工作标准液 C_1 和 C_2。

C_1：1mL = 2μg 钙、0.5μg 镁、10μg 铝；

C_2：1mL = 20μg 钙、2.5μg 镁、10μg 铝。

学习活动 2　分析步骤

1. 仪器测定参数的选择

通过对波长、灯电流、燃烧器高度、乙炔流量，狭缝宽度等条件的选择，最佳条件如表 4-10 所示。

表 4-10　仪器测定参数表

元　素	波长/m	灯电流/mA	燃烧器高度/mm	空气流量/L·min⁻¹	乙炔流量/L·min⁻¹	狭缝/m
钙	4227×10^{-10}	8	10	10	2.5	3.8×10^{-10}
镁	2852×10^{-10}	7	6	10	2.75	3.8×10^{-10}

2. 酸度试验

用几组各含钙 10μg/mL、镁 2.5μg/mL、铝 15μg/mL 的溶液分别在不同浓度的盐酸、硝酸、硫酸介质溶液中进行对比试验。

3. 干扰及消除试验

铝电解质中测定钙、镁的主要化学干扰是铝。加入锶或镧释放剂消除干扰。

4. 测试步骤

称取 0.2g 试样（过 200 目筛（筛孔尺寸为 0.075mm））于 50mL 聚四氟乙烯坩埚中，加水数滴润湿，加入王水 6~8mL，低温加热溶解并蒸发数分钟，取下加入 0.8~1mL 高氯酸继续加热至冒烟并蒸干，把氟赶尽，取下稍冷，加入 4mL（1+1）盐酸并加水约 30mL，加热近沸，保持 5~10min，使沉淀完全溶解，取下趁热过滤于 100mL 容量瓶中，用热水洗坩埚两次，洗沉淀数次，冷却后用水稀释至刻度。

分取 5mL 试液于 100mL 容量瓶中，加入 3mL（1+1）盐酸，用水稀释至 50mL 左右，加 1mL10% 的氯化锶溶液，1mL 2.5% 氯化镧溶液，用水稀释至刻度，以选定的条件测定钙、镁。

参 考 文 献

[1] 郭新亮. 燃煤电厂粉煤灰综合利用技术研究 [D]. 西安：长安大学，2009.

[2] 陈树义. 国外粉煤灰在建材工业中的开发应用 [J]. 粉煤灰综合利用，1990 (2)：27~34.

[3] 黄谦. 国内外粉煤灰综合利用现状及发展前景分析 [J]. 中国井矿盐，2011，42 (4)：41~43.

[4] 国家发展改革委环资司. 国家发展改革委关于印发"十二五"资源综合利用指导意见和大宗固体废物综合利用实施方案的通知 [J]. 再生资源与循环经济，2012，5 (1)：6~12.

[5] 张玲. 硅合金中硅含量的测定 [J]. 科技视野，2008 (3)：48.

[6] 赵乃成. 铁合金生产实用技术手册 [M]. 北京：冶金工业出版社，2003.

[7] 刘兴沂. 硅铝铁合金中硅、铝、铁的快速测定 [J]. 莱钢科技，2007：69~71.

[8] 马柏祥. 铝电解质中 NaF/AlF_3 比的测定 [J]. 分析化学，1983，11 (1)：60~62.

[9] 张金生，邱竹贤. 铝电解质物相组成及添加剂对分子比的影响 [J]. 轻金属，1990 (12)：31~33.

[10] 葛华，李泽华，王醒钟. 氯化铝滴定法测定电解质分子比 [J]. 轻金属，2000 (9)：35~36.

[11] 杨万欣，王瑞奇，陈彦. 铝电解质冰晶石分子比的测定 [J]. 轻金属，2000，(9)：34~35.

[12] 肖海明，刘业翔. 用电化学方法直接测定熔融态炼铝电解质冰晶石分子比的研究 [J]. 有色金属，1988，40 (3)：58~63.